高等学校“十三五”重点规划
机械设计制造及其自动化系列

机械制图习题集

(第2版)

主编　朱　琳

哈爾濱工程大学出版社
Harbin Engineering University Press

内容简介

本习题集是朱琳主编的《机械制图(第2版)》的配套教材,其中的练习题配合相应章节内容供读者学习。本习题集的主要内容包括:制图的基本知识与技能,点、直线和平面的投影,基本体的投影,平面与立体相交,立体与立体相交,组合体,轴测图,机件图样的表达方法,螺纹和螺纹紧固件,标准件及常用件,零件图及其技术要求,装配图,计算机绘图。习题的难易程度兼顾读者的不同需求,选题有利于空间想象和思维能力的培养,以及对制图实践能力的训练。

本习题集根据近年来我国新修订或制定的制图国家标准编写,适合高等工科院校近机类及非机类相关专业机械制图等课程教学使用,也可作为大专院校、继续教育等相关专业的教学用书及学生自学参考书。

图书在版编目(CIP)数据

机械制图习题集 / 朱琳主编. —2版. —哈尔滨:
哈尔滨工程大学出版社, 2020.7(2024.8重印)
ISBN 978-7-5661-2670-2

Ⅰ.①机… Ⅱ.①朱… Ⅲ.①机械制图-高等学校-习题集 Ⅳ.①TH12-44

中国版本图书馆CIP数据核字(2020)第120472号

选题策划 雷 霞
责任编辑 张志雯
封面设计 博鑫设计

出版发行 哈尔滨工程大学出版社
社　　址 哈尔滨市南岗区南通大街145号
邮政编码 150001
发行电话 0451-82519328
传　　真 0451-82519699
经　　销 新华书店
印　　刷 哈尔滨市海德利商务印刷有限公司
开　　本 787 mm×1 092 mm 1/16
印　　张 11
字　　数 275千字
版　　次 2020年7月第2版
印　　次 2024年8月第4次印刷
定　　价 24.90元

http://www.hrbeupress.com
E-mail:heupress@hrbeu.edu.cn

前　言

《机械制图习题集》是学习并掌握机械制图课程的配套教材，与朱琳主编的《机械制图》教材配套使用，编排顺序与其相同。本书编写依据是教育部工程图学课程教学指导委员会发布的《普通高等院校工程图学课程教学基本要求》，并遵循最新的技术制图、机械制图国家标准。

本习题集在修订过程中总结了作者多年的教学经验，并吸取了兄弟院校及同行专家的意见和建议。本习题集适用于高等院校近机类、非机类工科专业 32 ~66 学时的机械制图课程教学，在使用过程中可视具体情况做适当调整。

本习题集具有以下特点：

1. 习题的编排力求符合学生的认知及学习规律，由浅入深、循序渐近；为了适应不同学时的教学要求，在选题上难易适中，繁简搭配，重点突出。

2. 题目形式多样，根据章节教学内容特点，适当增加了选择题、填空题、判断改错题、综合练习题等题目，有利于学生基本知识和技能、制图实践能力的巩固提升。

3. 注重将尺规绘图、徒手绘图和计算机绘图有机结合，教师和学生可根据情况具体选用，有利于学生综合实践制图能力的训练、提高。

本习题集由朱琳主编，赵丽丽副主编，参加编写及修订工作的有朱琳（第 6 章、第 9 章、第 10 章、第 11 章）、赵丽丽（第 1 章、第 3 章、第 4 章、第 7 章）、许威（第 12 章、第 14 章）、邓薇（第 8 章、第 13 章）、王宇洋（第 2 章、第 5 章）。

本习题集在编写的过程中，参考了部分同学科的教材与习题集文献，在此向文献作者致谢。

本习题集在编写过程中得到了学院领导及课程团队教师的大力支持，特此致以衷心的感谢！由于编者水平有限，书中不妥及错误之处在所难免，敬请读者批评指正。

编　者

2020 年 4 月

目　　录

1　制图的基本知识与技能

1－1　字体练习。

机 械 制 图 标 准 序 号 名 称 件 数 质 量 材 料 备 注 比 例 期

制 图 基 本 知 识 看 懂 零 件 的 三 视 图 根 据 视 图 想 出 零 件 的 形 状 并 标 注 尺 寸

1 2 3 4 5 6 7 8 9 0 ϕ R　　A B C D E F G H I J K L M

技 术 圆 柱 锥 齿 轮 蜗 杆 叶 螺 栓 钉 母 弹 簧 垫 圈 开 口 销

结 构 分 析 箱 体 盖 板 轴 承 瓦 挡 圈 套 筒 尾 架 体 定 位 套 密 封 盖 单 向 阀 活 塞 球

a b c d e f g h i j k l m n o p q r s t u v w x y z

1－2　徒手绘图练习(在右边的方格纸上徒手绘制下面的图形,不标注尺寸)。

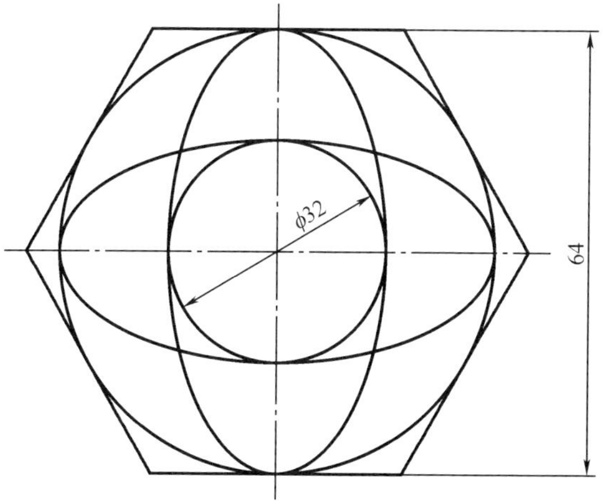

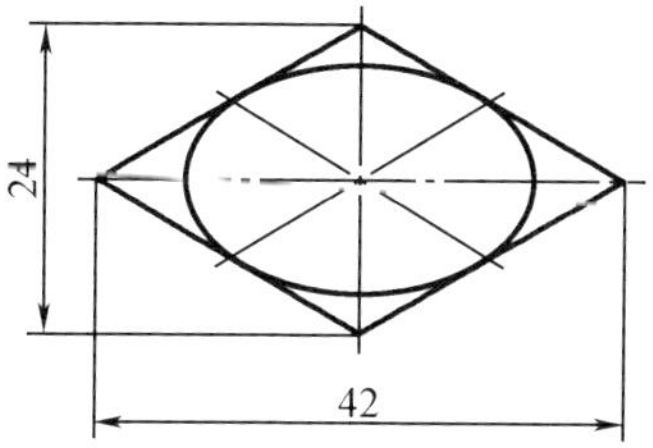

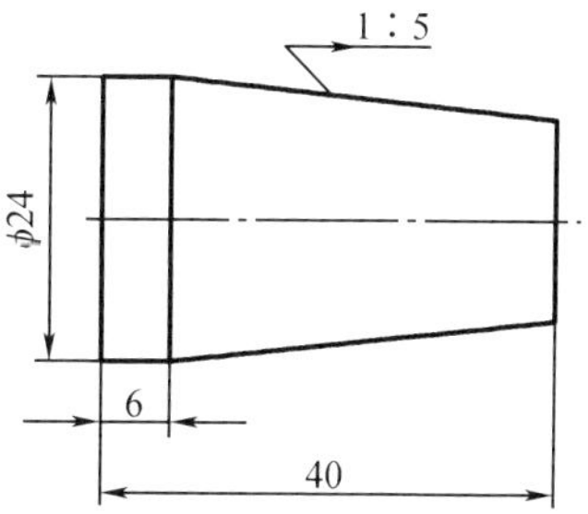

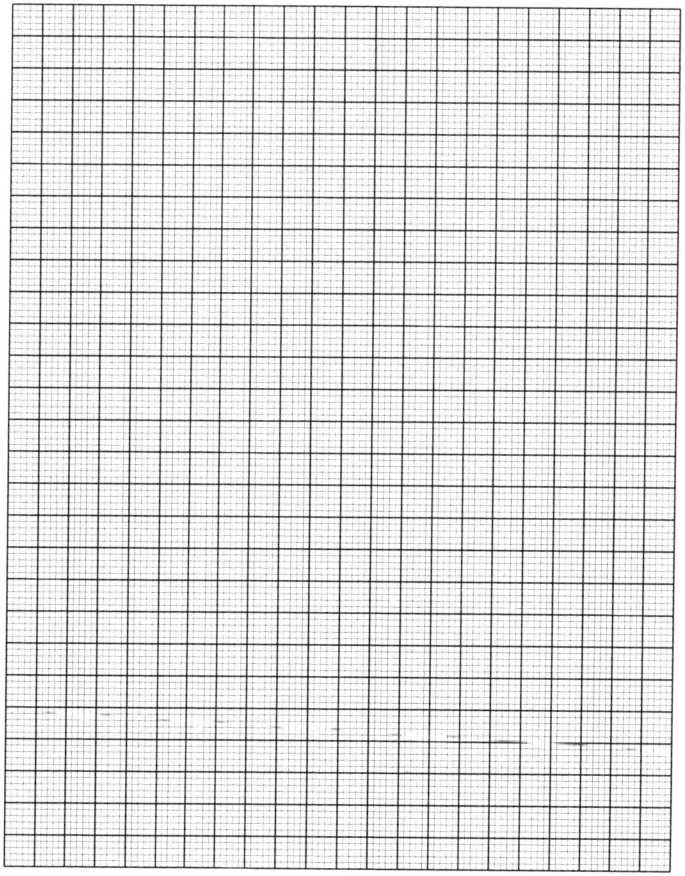

1－3　几何作图(用尺规将下面的图形抄绘在右边)。

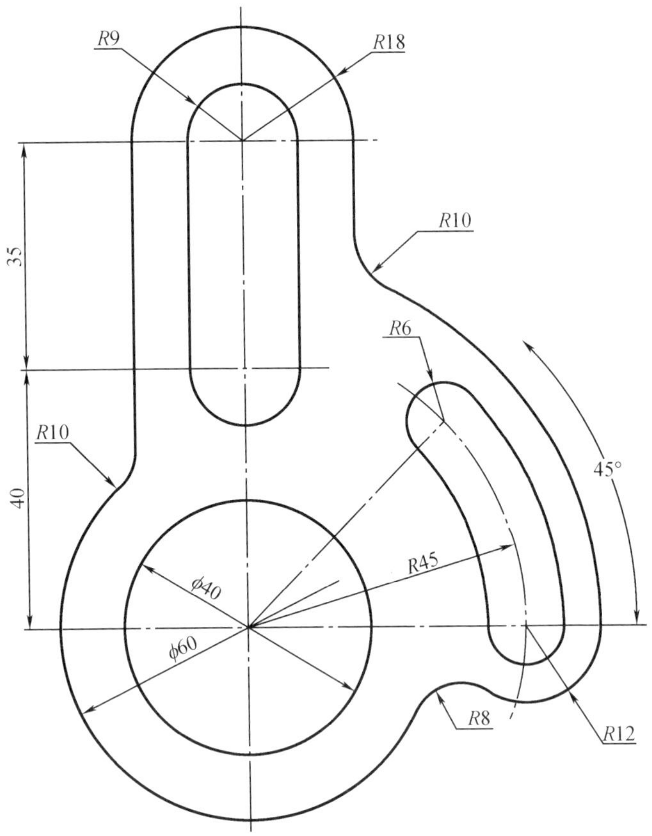

　专业班级　　姓名　　学号　　审阅

2－1　点的投影概念基础。

(1)点 A 的坐标为(0,30,0),则空间点 A 一定在(　　)。

A. OZ 轴上　　B. OY 轴上

C. OX 轴上　　D. 原点

(2)已知点 A(10,10,10),点 B(10,10,50),则(　　)产生重影点。

A. 在 H 面　　B. 在 V 面

C. 在 W 面　　D. 不会

(3)点 A 的坐标为(35,20,15),则该点对 W 面的距离为________。

(4)当空间的两点位于同一条投射线上时,它们在该投射线所垂直的投影面上的投影重合为一点,称这样的两点为对该投影面的________。

2－2　已知点 T 的坐标为(20,15,20),点 S 的坐标为(30,0,10),作它们的三面投影图,并判断两点的空间位置关系。

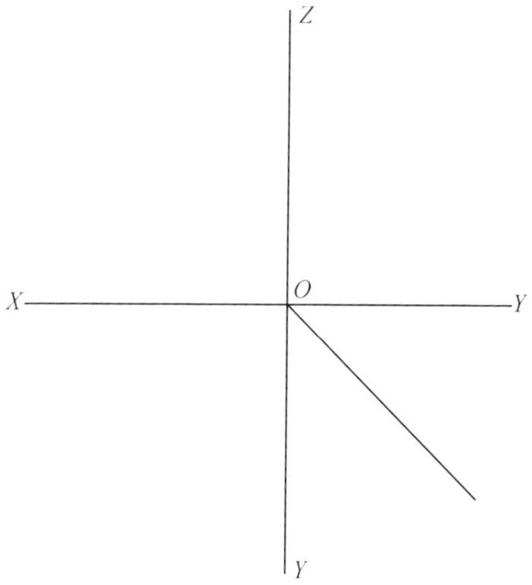

2－3　已知点 A 距 H 面为 12 mm，距 V 面为 15 mm，距 W 面为 10 mm，点 B 在点 A 的左方 5 mm，后方 10 mm，上方 8 mm，试作 A、B 两点的三面投影，保留作图痕迹。

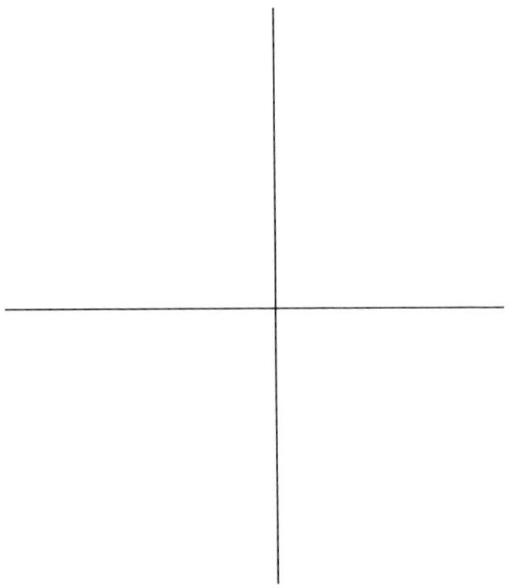

2－4　作出诸点的三面投影：点 $A(25,15,20)$，点 B 距离投影面 W、V、H 分别为 20 mm、10 mm、15 mm。

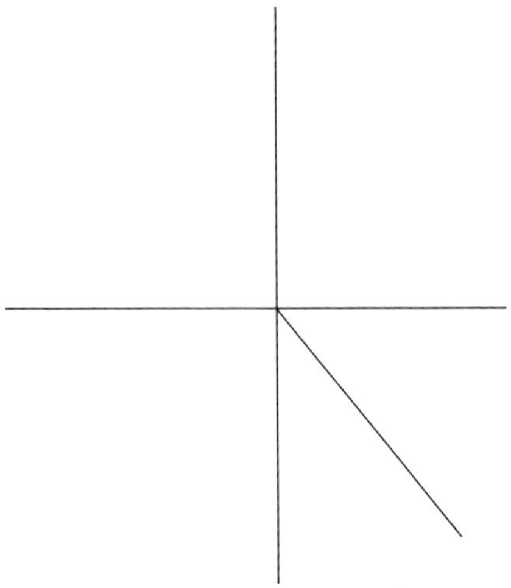

2－5　已知点 B 距点 A 15 mm，点 C 与点 A 是对 V 面的重影点，点 D 在点 A 的正下方 15 mm，求各点的三面投影。

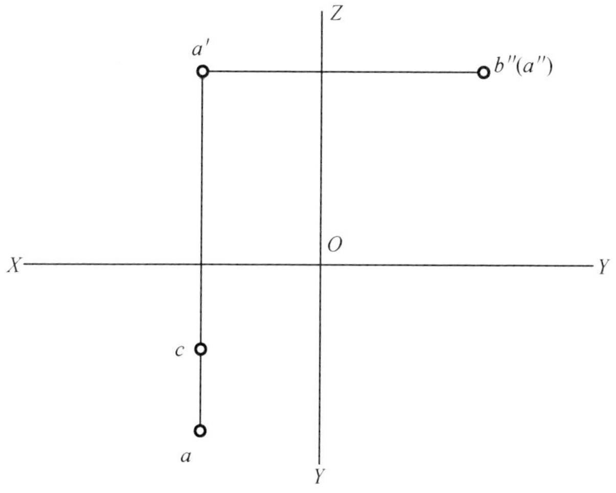

2－6　直线的投影概念基础。

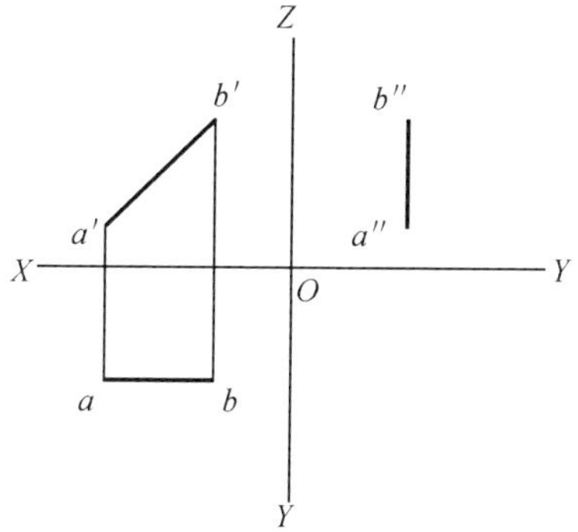

(1)根据直线 AB 的三面投影，判断直线 AB 是（　　）。

A. 正平线

B. 侧垂线

C. 侧平线

D. 一般位置直线

(2)某直线仅 V 面投影反映实长，该直线为（　　）。

A. 水平线　　B. 正平线　　C. 侧平线　　D. 铅垂线

(3)直线 AB 仅 W 面投影反映实长，该直线为（　　）。

A. 水平线　　B. 正平线　　C. 侧平线　　D. 侧垂线

(4)直线 AB 的 V、H 面投影均反映实长，该直线为（　　）。

A. 水平线　　B. 正垂线　　C. 侧平线　　D. 侧垂线

(5)直线 AB 的 V 面投影平行于 OX 轴，下列直线中符合该投影特征的为（　　）。

A. 水平线　　B. 正平线　　C. 侧平线　　D. 铅垂线

(6)判断：直线的投影只能是直线。（　　）

(7)判断：空间两直线相互平行，则它们的同面投影一定互相平行。（　　）

(8)判断：投影面垂直线在所垂直的投影面上的投影必积聚成为一个点。（　　）

(9)判断：水平投影反映实长的直线，一定是水平线。（　　）

(10)判断：直线垂直于投影面，其投影重合为一点。（　　）

2－7　已知△*ABC* 的 *AC* 边是侧垂线，完成三角形的水平投影。

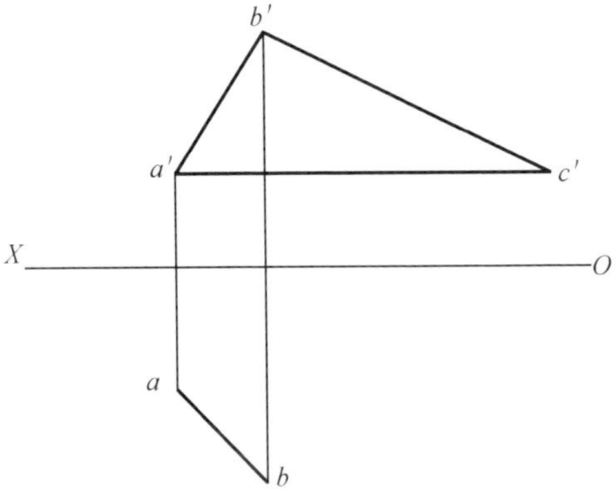

2－8　判断点 *K* 是否在直线 *AB* 上（保留作图痕迹）。

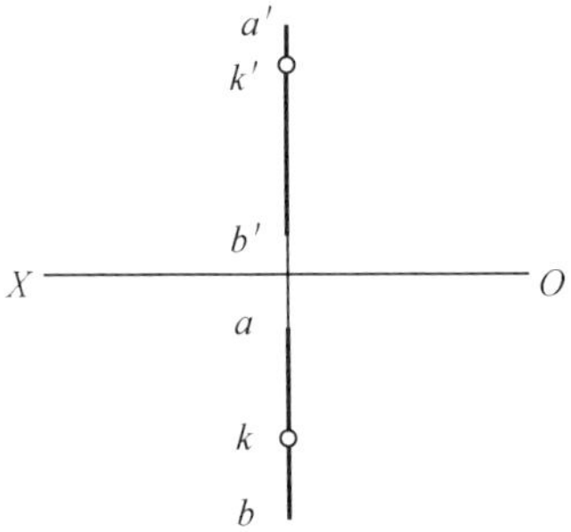

点 *K* ________ 直线 *AB* 上。

2－9　在直线 *AB* 上取一点 *C*，使其到 *H* 及 *V* 面的距离相等。

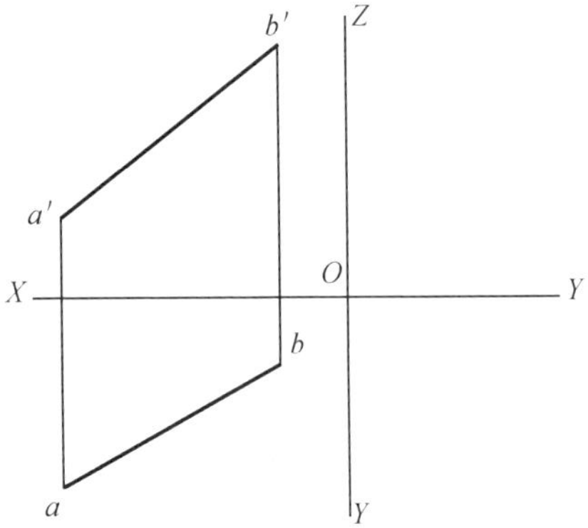

2－10　判定两直线的相对位置（平行、相交、交叉）。

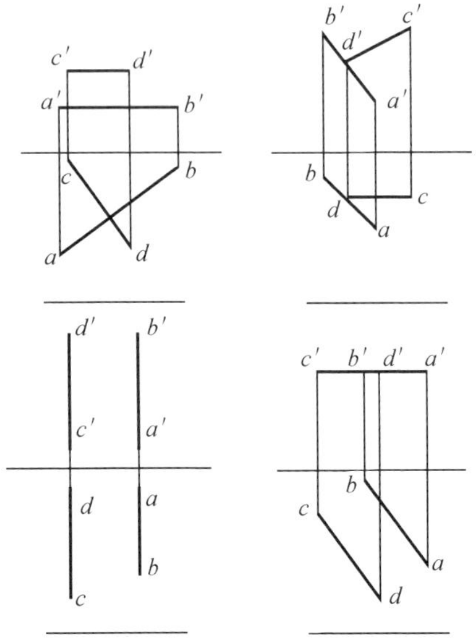

2－11　求交叉两直线 *AB*、*CD* 的重影点，并判断可见性。

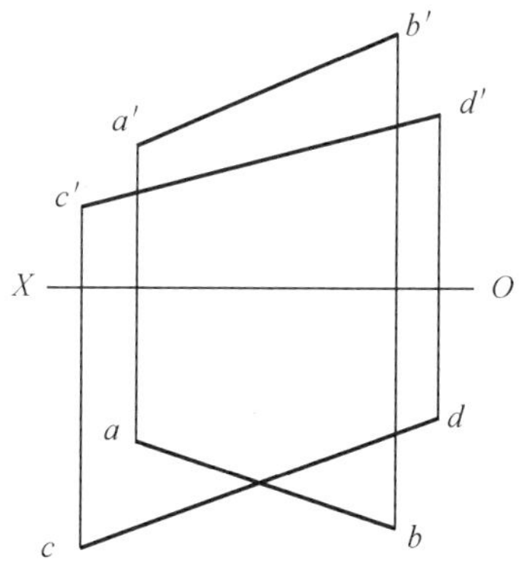

2－12　过点 *A* 作一直线，使其与 *BC*、*DE* 两直线相交。

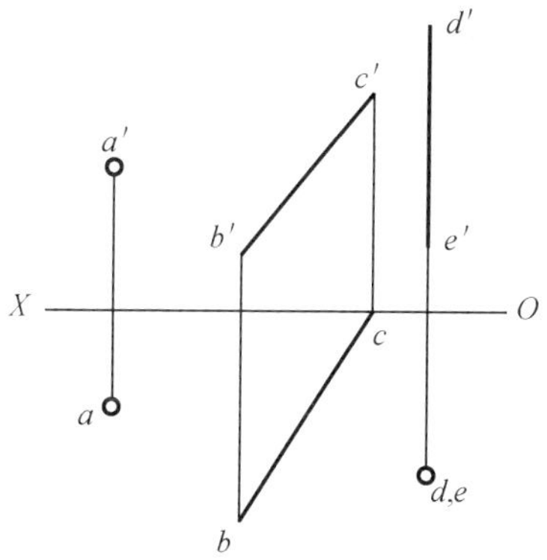

2－13　由点 *A* 作直线 *AB* 与直线 *CD* 相交并使交点距 *H* 面 12 mm。

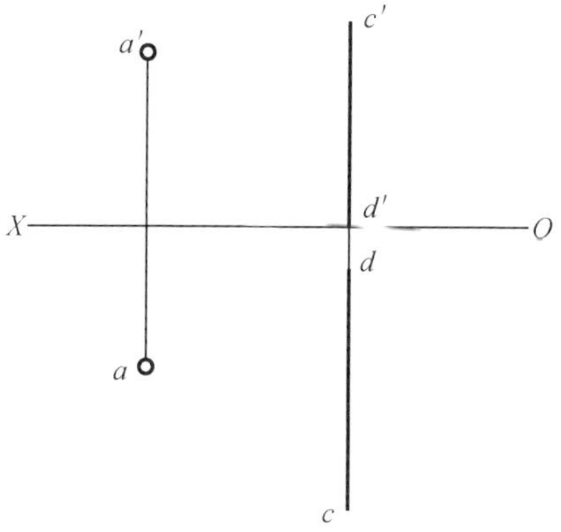

2－14　过点 *C* 作直线 *CD* 与已知直线 *AB* 平行。

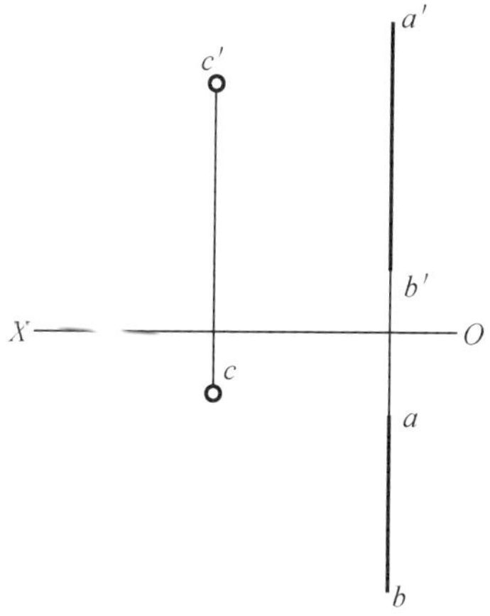

2-15　求两交叉直线 AB、CD 的公垂线 MN 的投影。

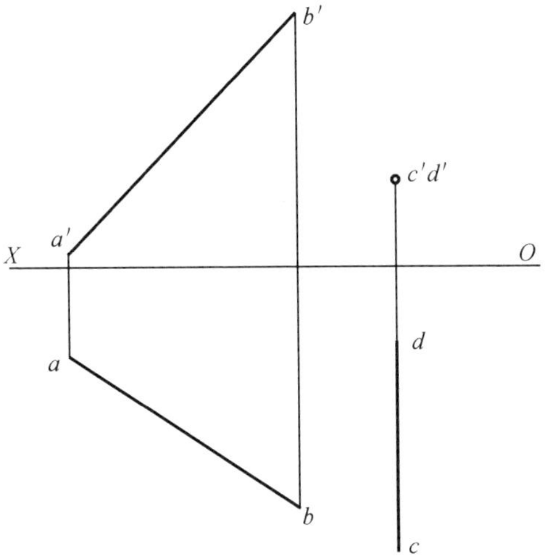

2-16　平面的投影概念基础。

(1)三角形平面的三个投影均为缩小的类似形,该平面为(　　)。

A. 水平面　　B. 正平面

C. 侧平面　　D. 一般位置平面

(2)平面的 W 面投影为一直线,该平面可能为(　　)。

A. 侧平面　　B. 侧垂面

C. 铅垂面　　D. 正垂面

(3)判断:正垂面是与 V 面垂直,与 W 面和 H 面倾斜的平面。(　　)

(4)判断:水平面是与 H 面平行,与 V 面和 W 面倾斜的平面。(　　)

(5)判断:一般位置平面是与 V、H、W 面都倾斜的平面。(　　)

2－17　根据立体图，在指定位置写出各直线、平面的名称。

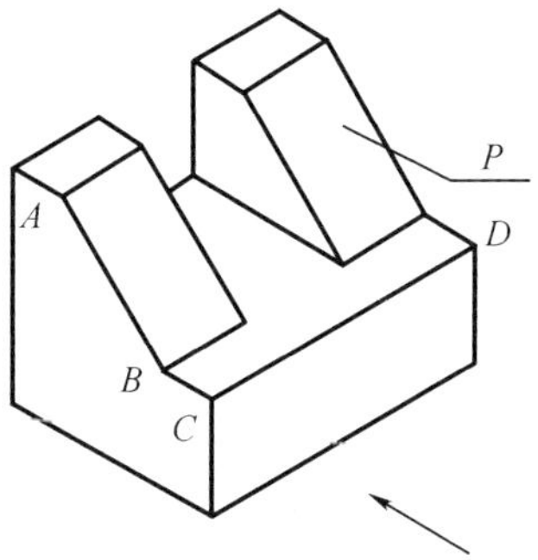

AB 是________线。

CD 是________线。

P 平面是________面。

2－18　求平面的侧面投影并判断平面的空间位置。

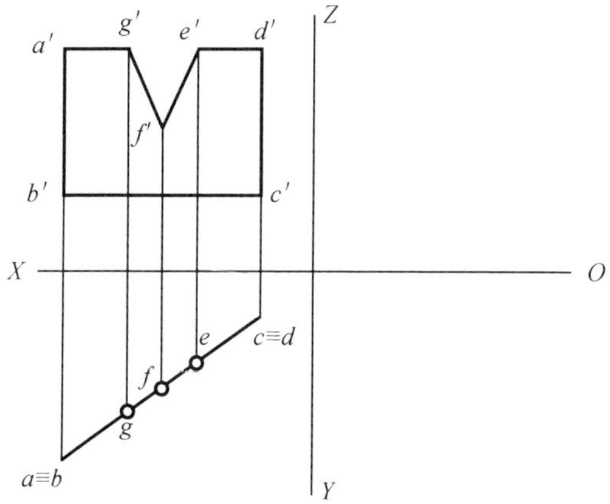

该平面是________面。

2－19　求平面的侧面投影并判断平面的空间位置。

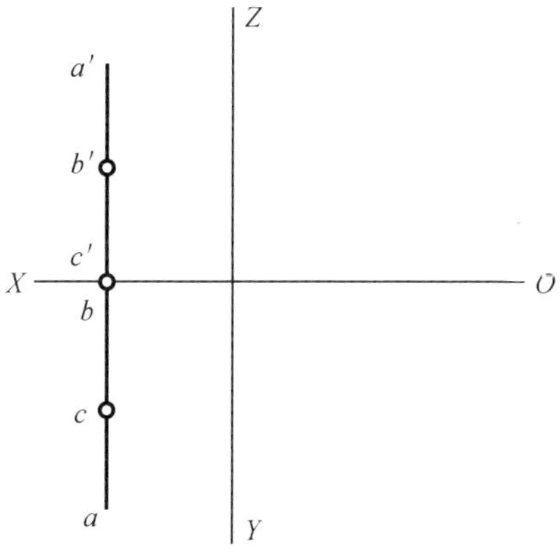

△*ABC* 是________面。

2－20　求平面上点 *K* 的另一投影。

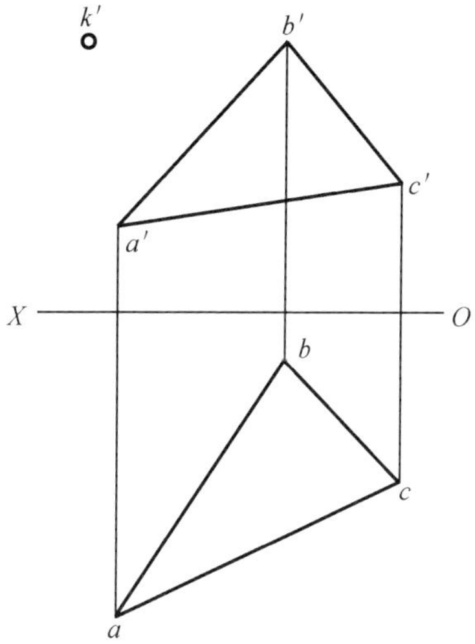

2－21　完成平面图形 *ABCD* 的水平投影。

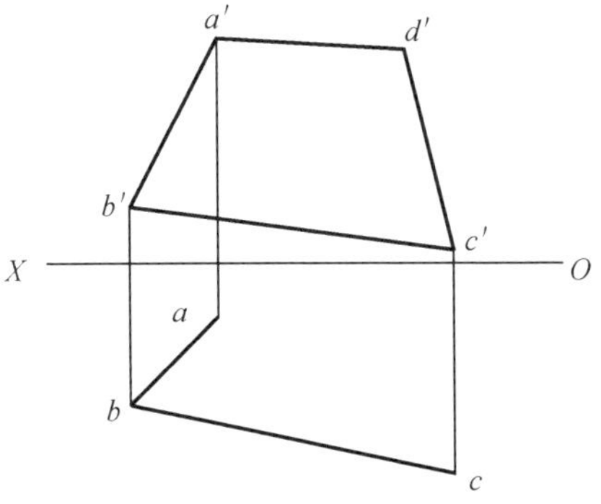

2－22　根据已知投影，补全平面五边形 *ABCDE* 的水平投影。

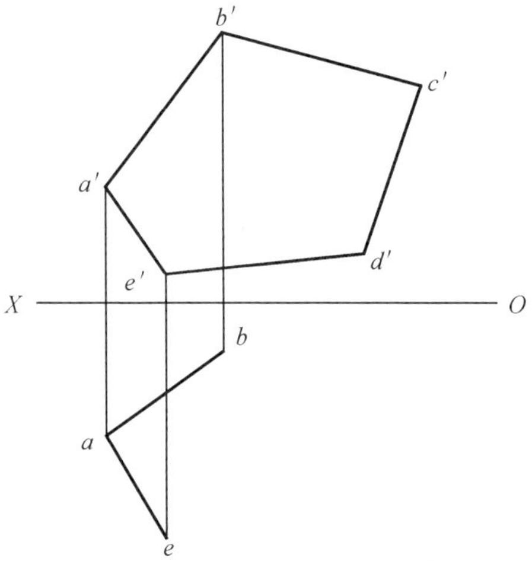

2－23　判断直线 *MN* 是否在△*ABC* 平面内，并填空（保留作图痕迹）。

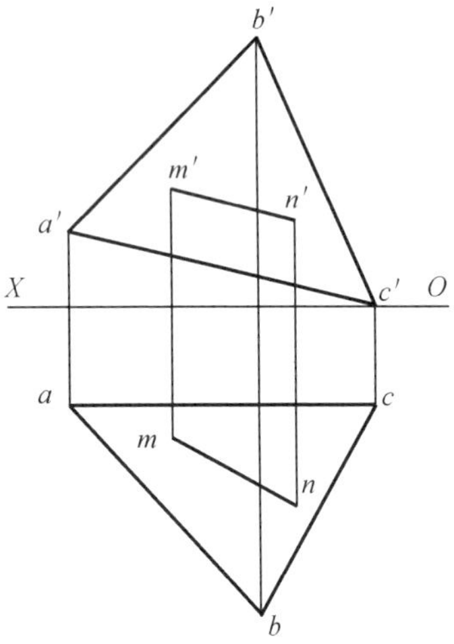

直线 *MN* ________△*ABC* 平面内。

2－24　求点 *M* 到△*ABC* 的距离 *MN*（保留作图痕迹）。

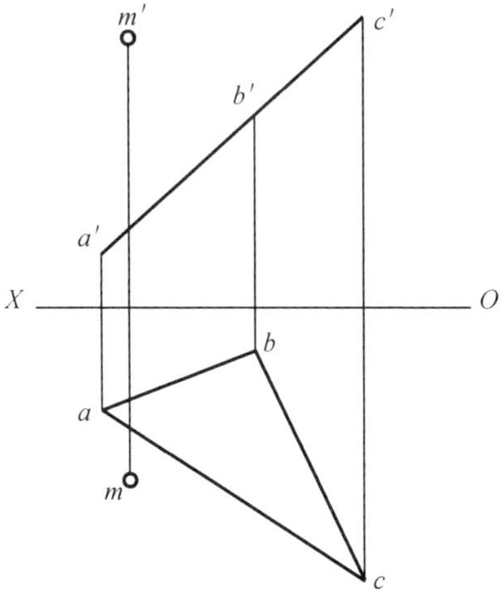

2－25 过直线 AB 作平面与$\triangle DEF$ 垂直。

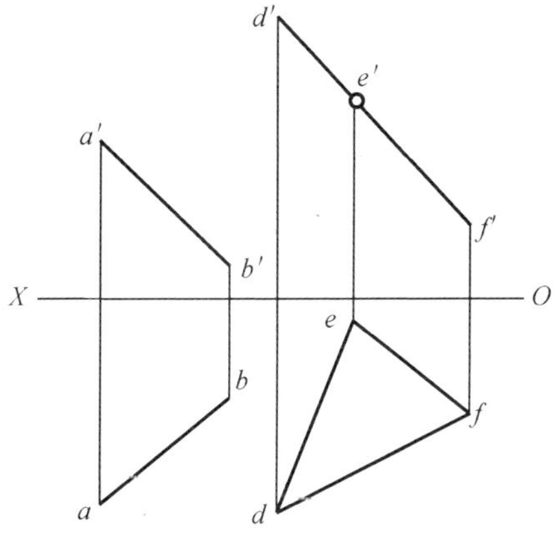

2－26 已知直线 AB 和 CD（$AB /\!/ CD$）所确定的平面平行于$\triangle EFG$，完成该平面的水平投影。

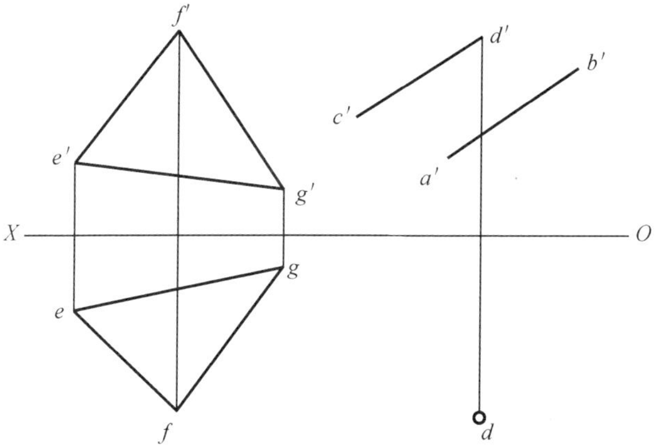

3　基本体的投影

3－1　画出立体的第三面投影图，求立体表面的点的其余二面投影，并判断可见性。

(1)

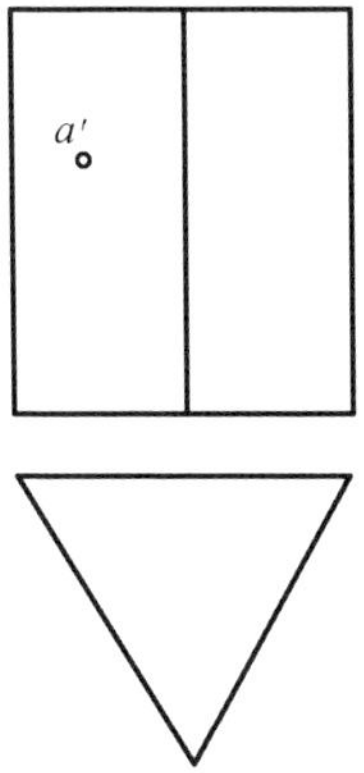

(2)

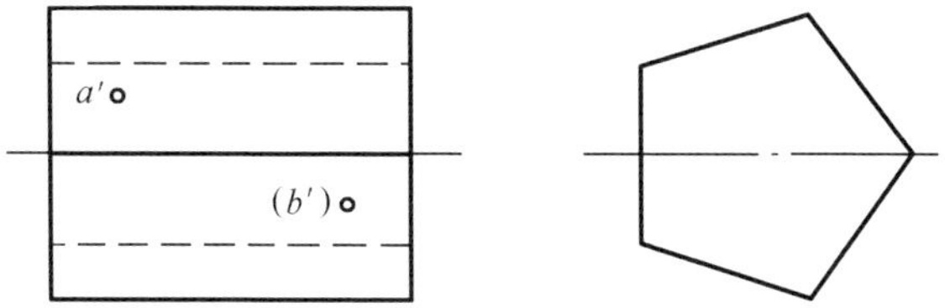

(3)

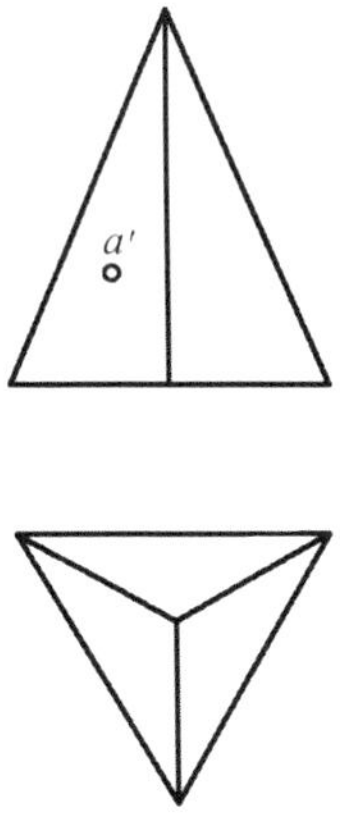

(4)

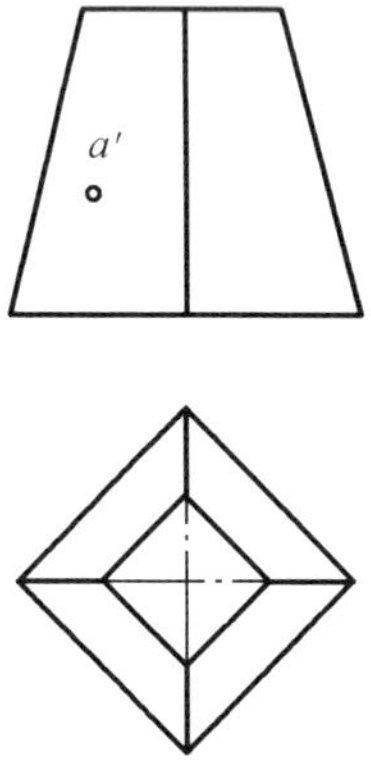

(5)

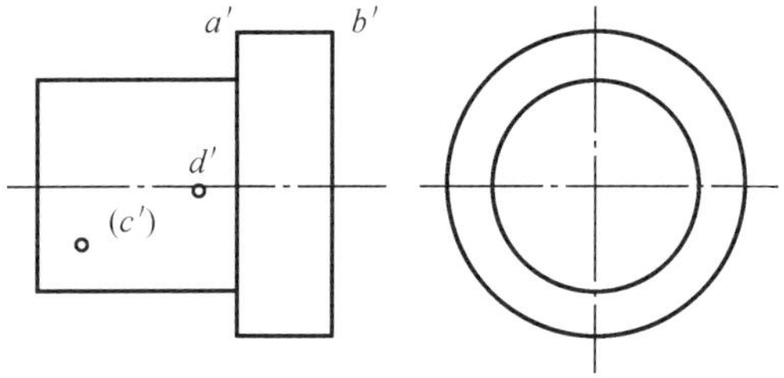

(6)

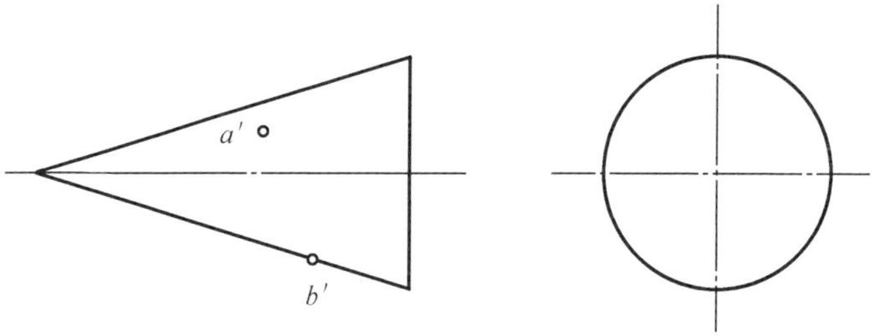

(7)

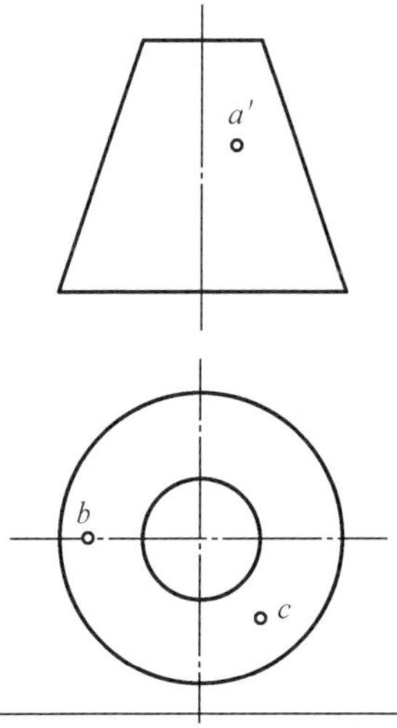

(8)

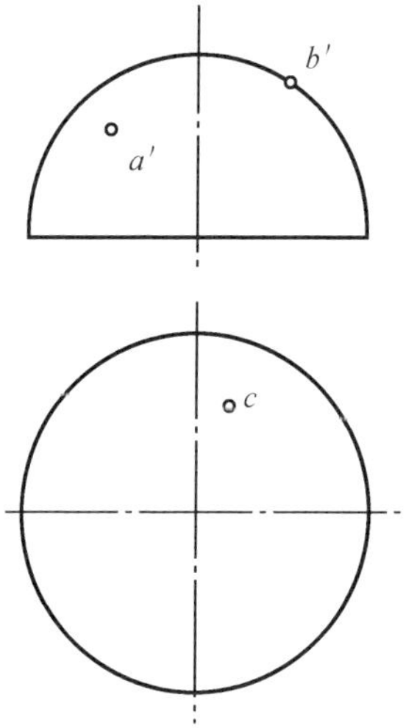

3－2　看懂所有视图，分别找出它们的立体图（见 18 页），填写对应序号，并画出第三视图。

（1）

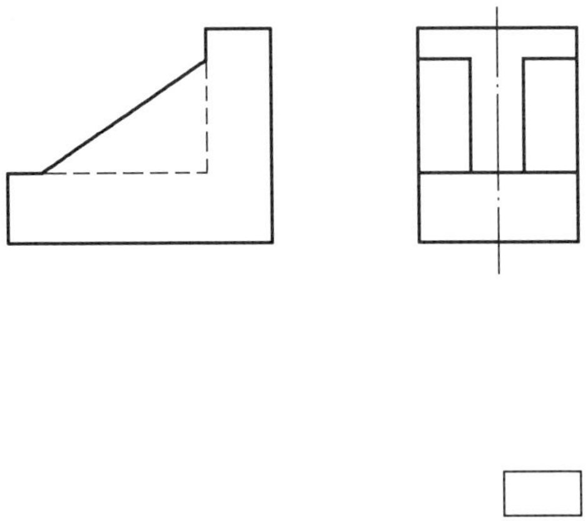

（2）

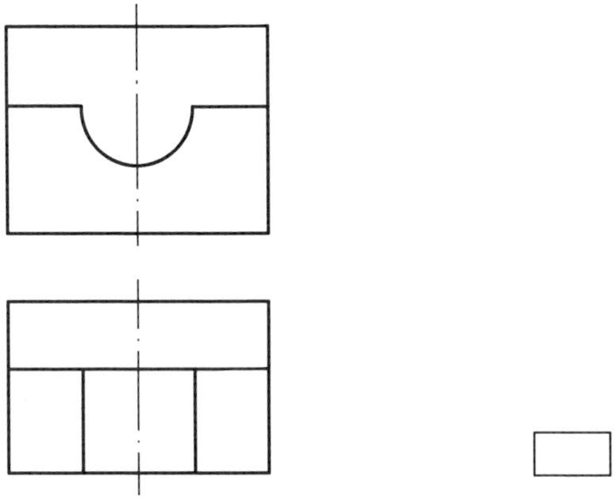

（3）

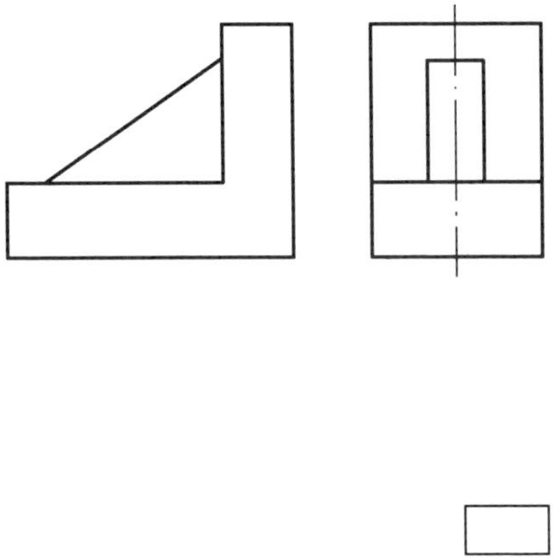

（4）

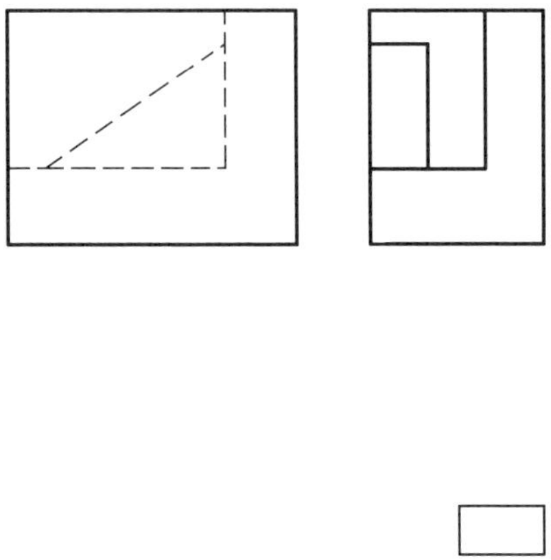

　专业班级　　　　姓名　　　　学号　　　　审阅

(5)

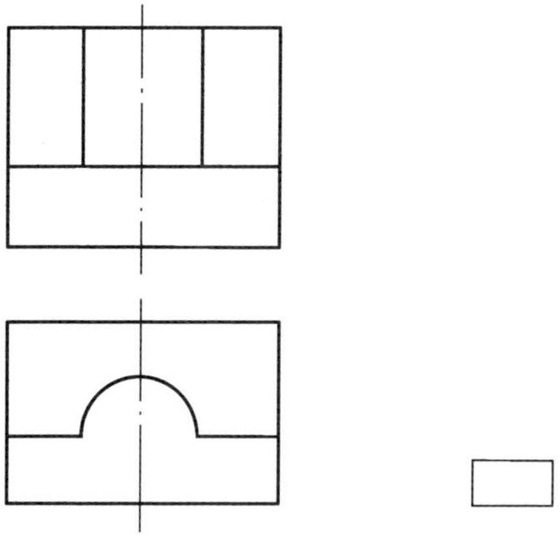

(6)

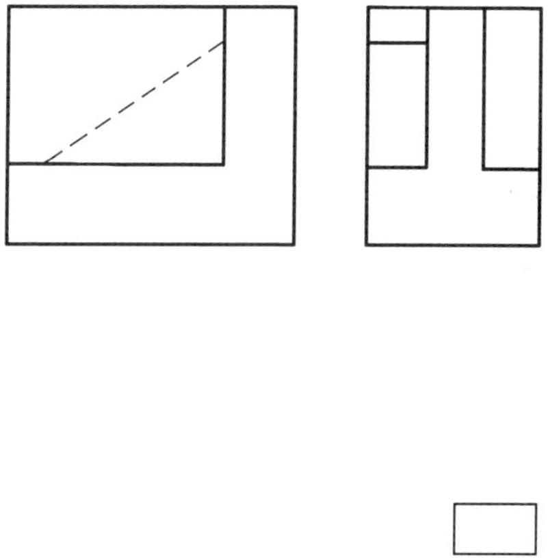

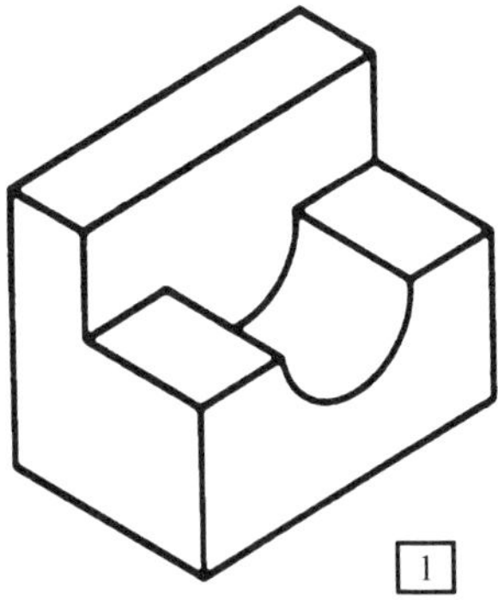

1

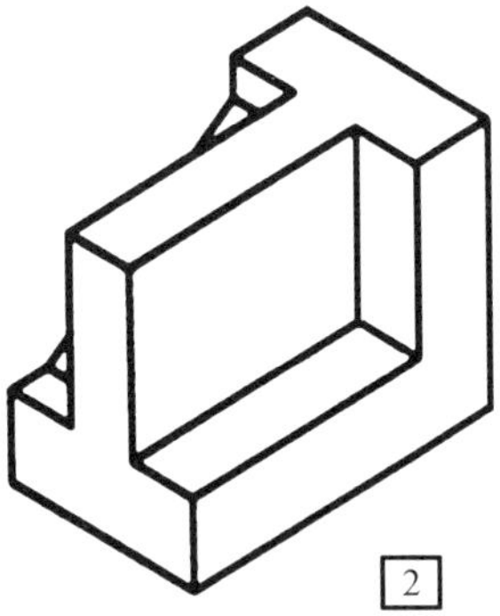

2

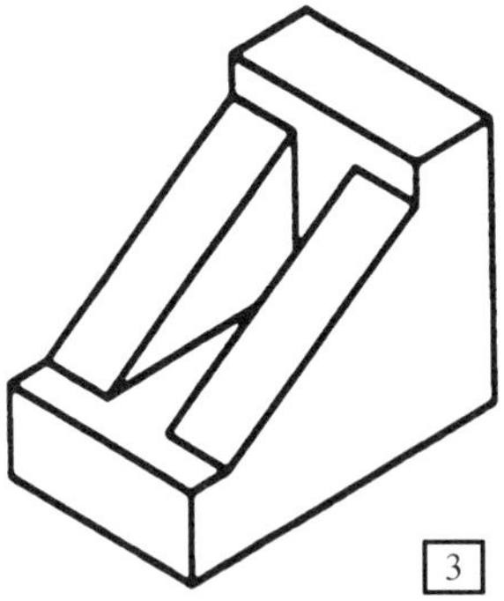

3

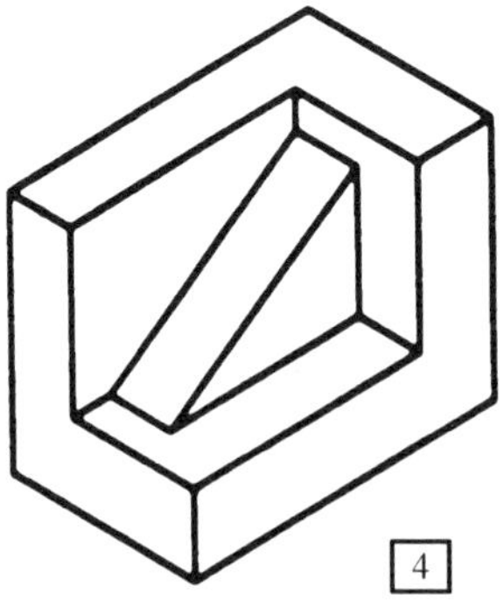

4

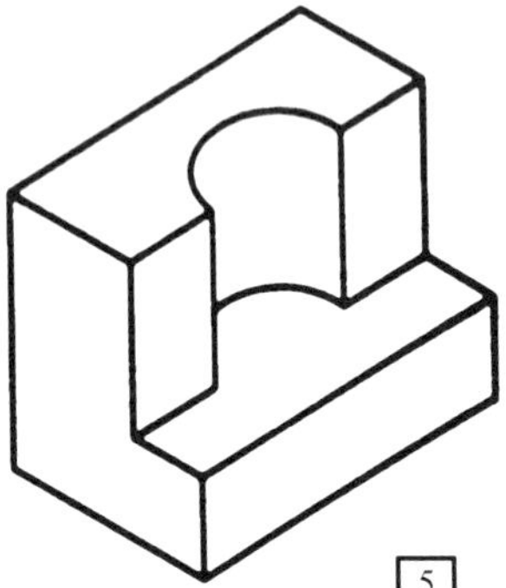

5

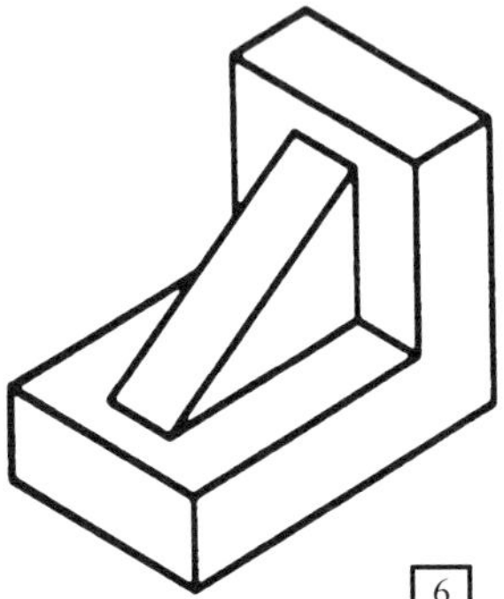

6

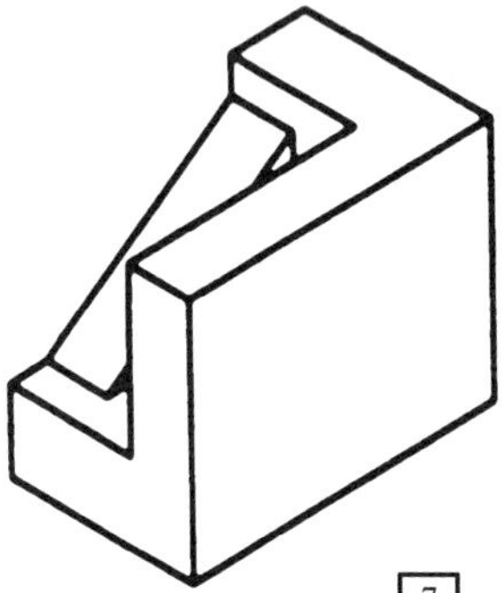

7

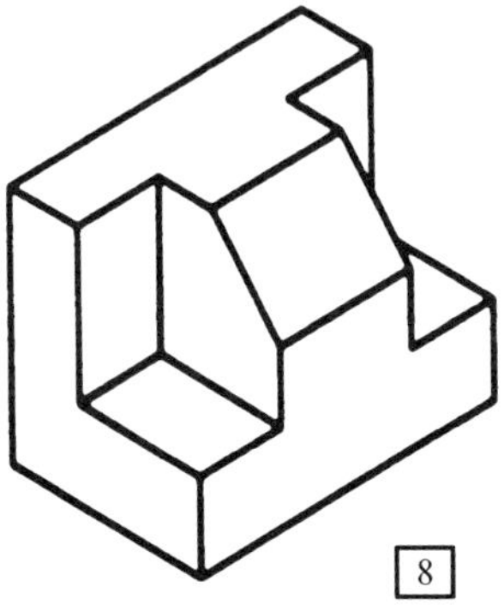

8

3－3 看懂所给视图，分别找出它们的立体图，将对应序号填写在方格内。

(1)

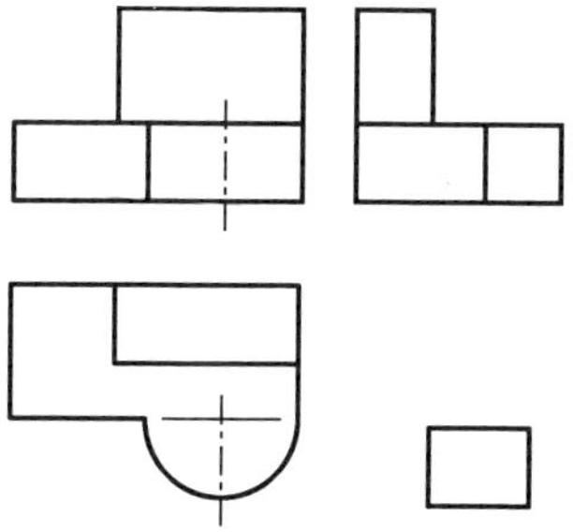

(2)

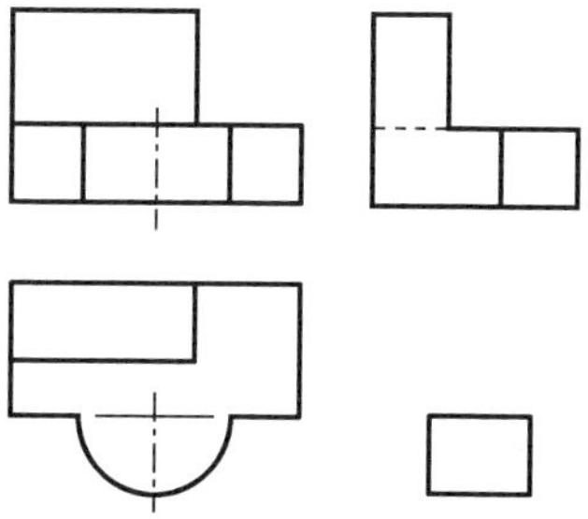

(3)

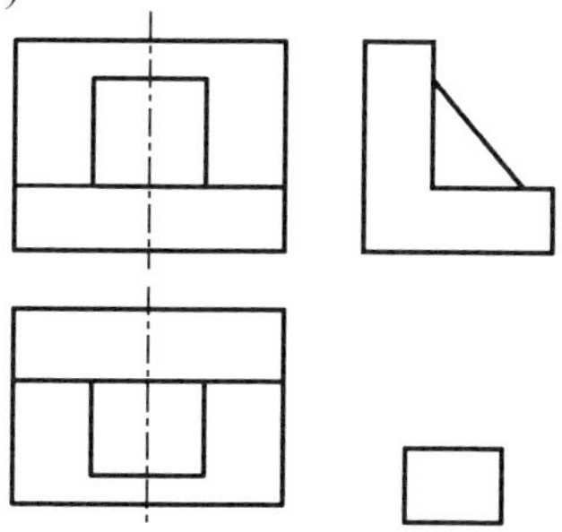

(4)

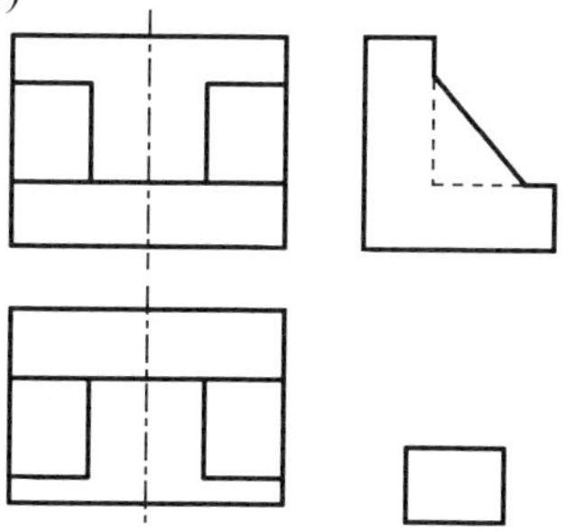

(5)

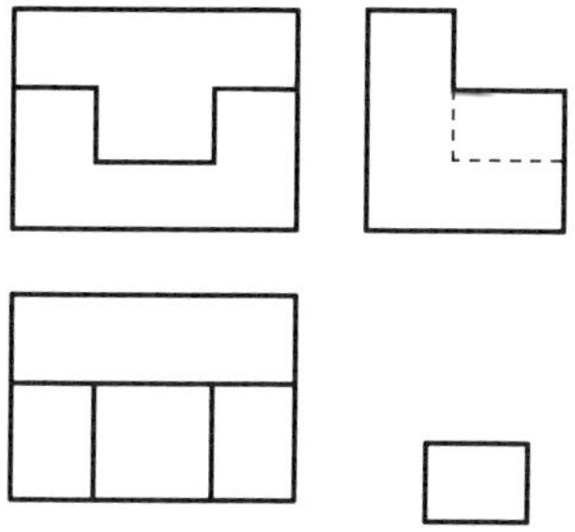

(6)

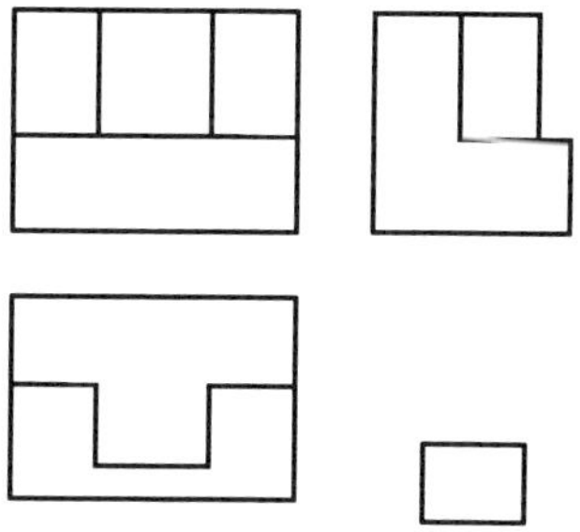

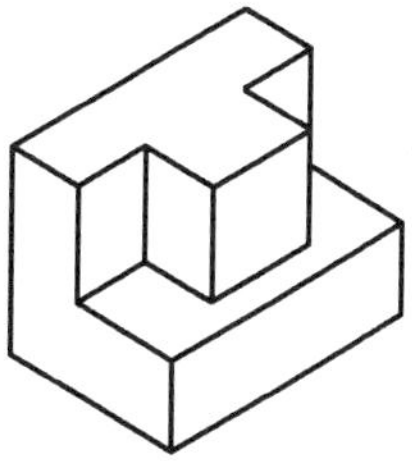

1

2

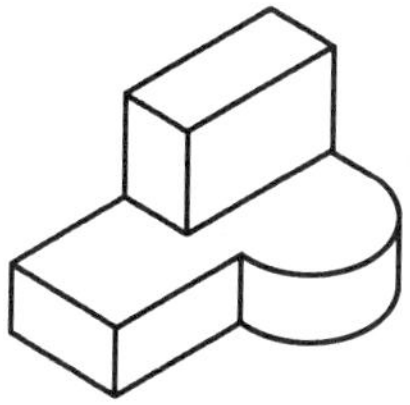

3

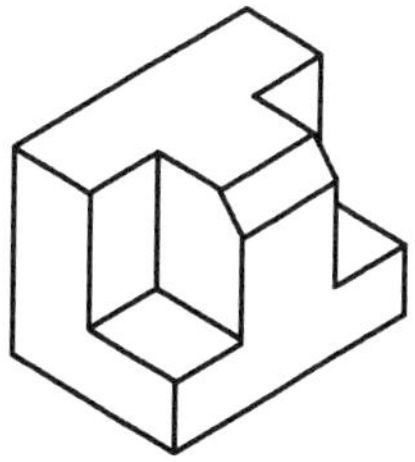

4

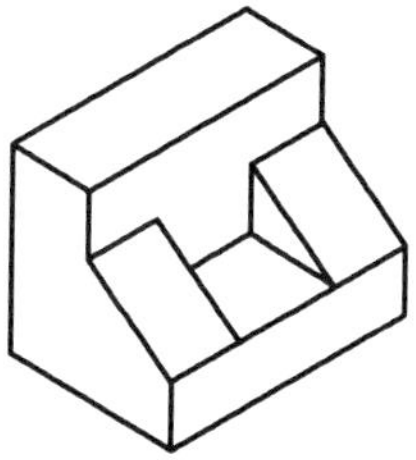

5

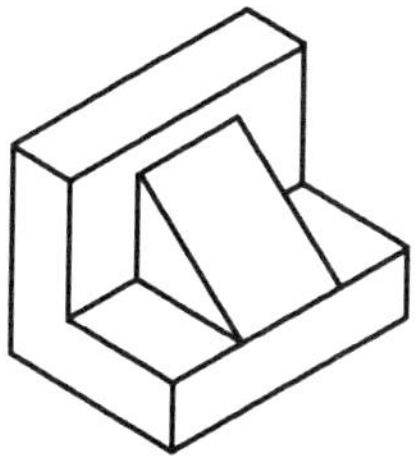

6

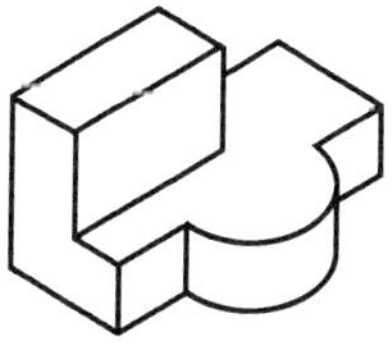

7

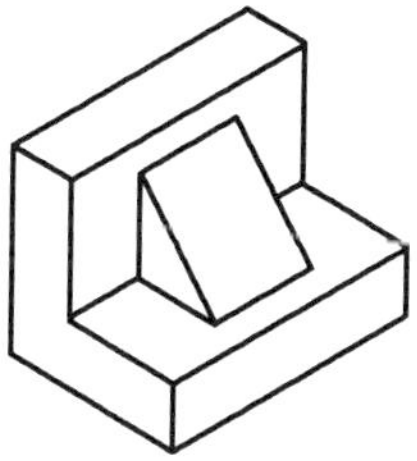

8

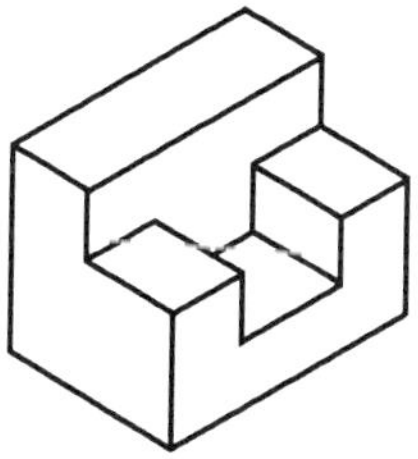

9

3－4　求作立体左视图。

(1)

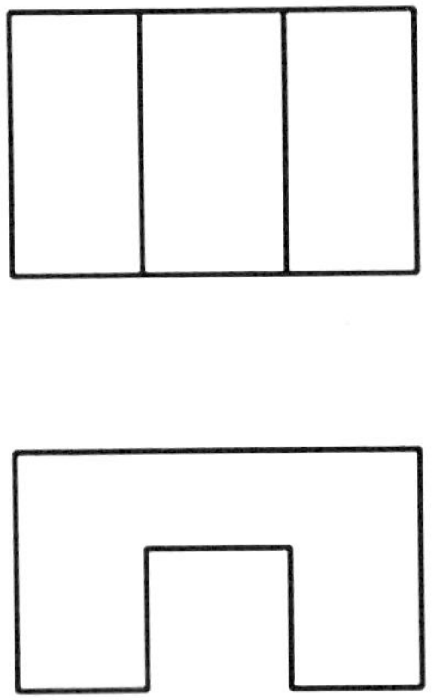

(2)

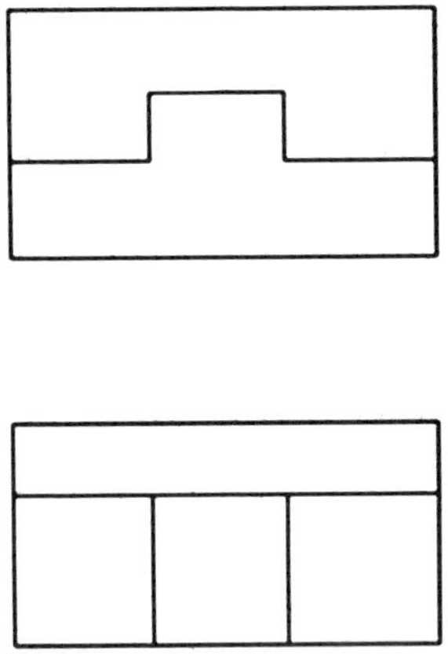

(3)

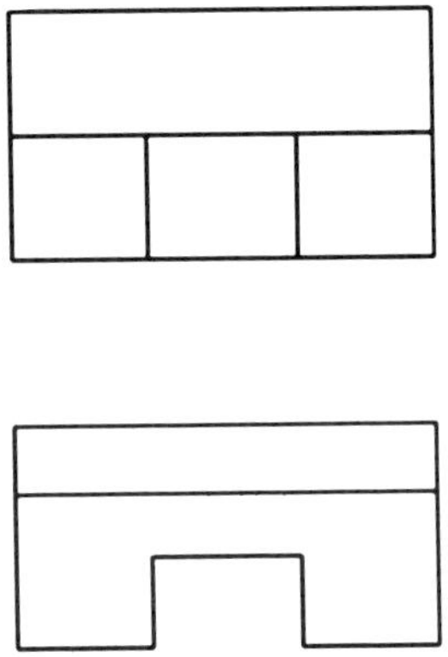

专业班级　　　　　姓名　　　　　学号　　　　　审阅

3－5　求作立体俯视图。

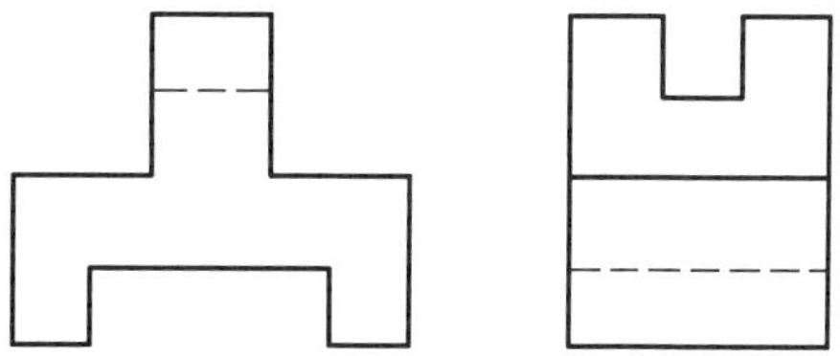

3－6　求作左视图。

(1)

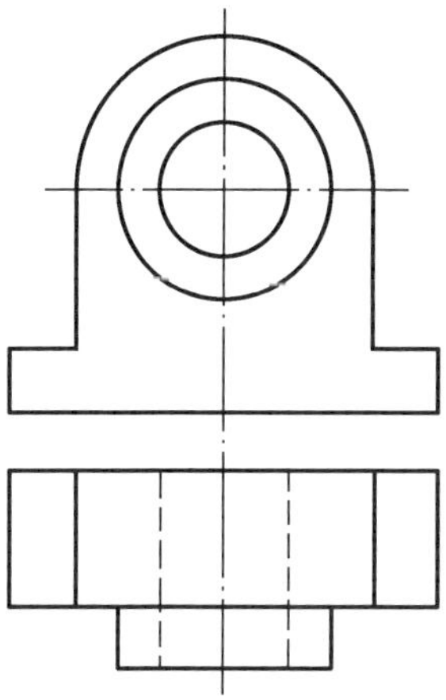

(2)

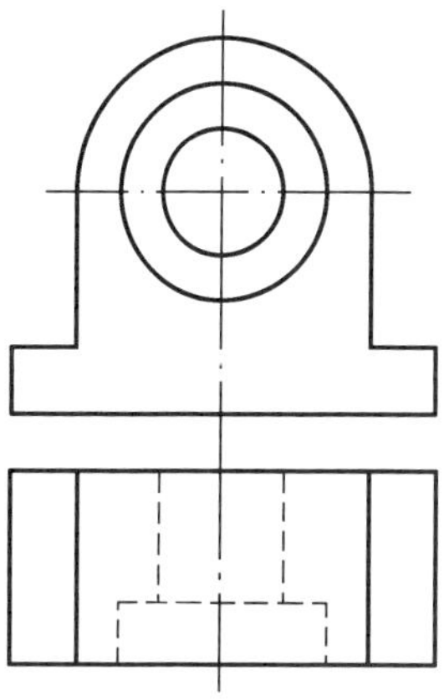

3－7　求立体的第三视图,并标出平面 *ABCD* 的另外两个投影并回答问题。

(1)

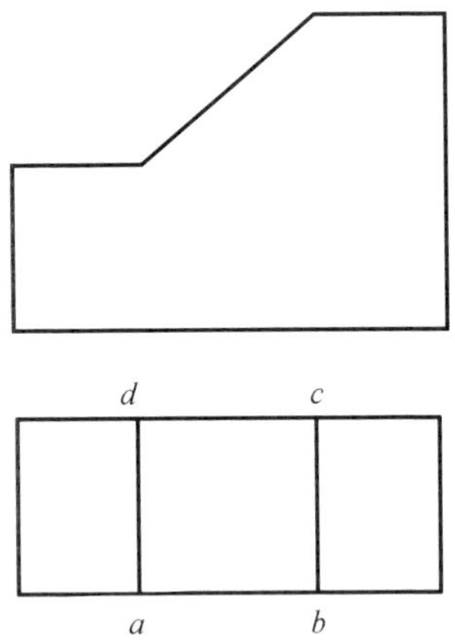

平面 *ABCD* 是什么位置的平面？________

(2)

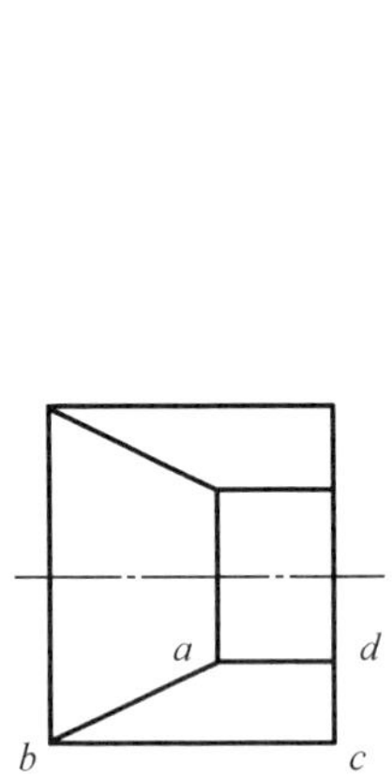

平面 *ABCD* 是什么位置的平面？________

(3)

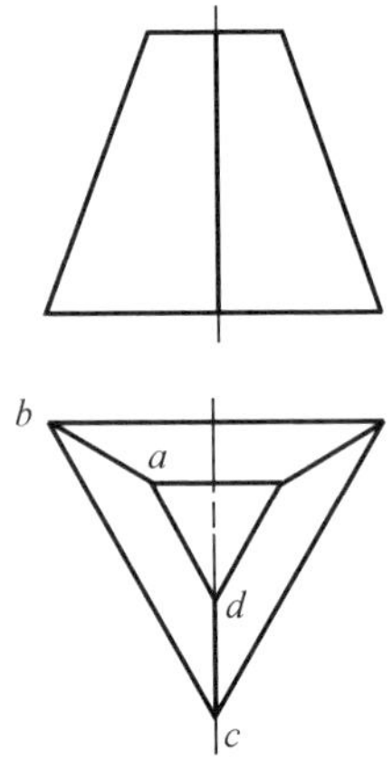

平面 *ABCD* 是什么位置的平面？________

3－8　根据轴测图辨认其相应的两视图，并补画出所缺的第三视图。

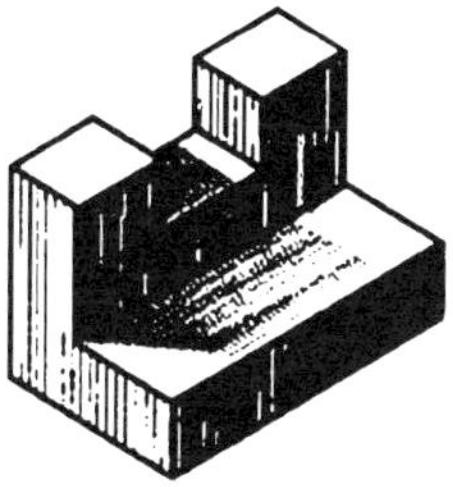

①

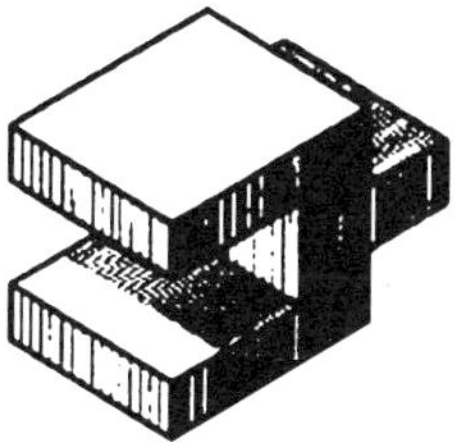

②

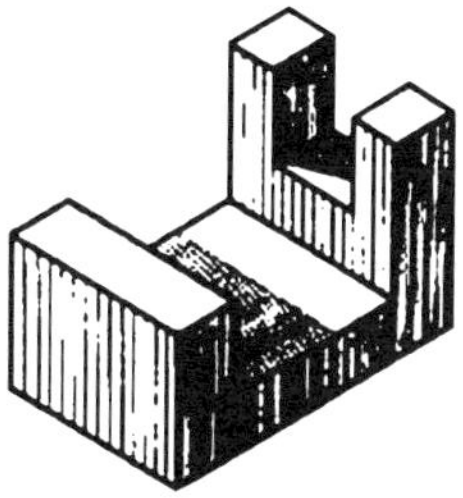

③

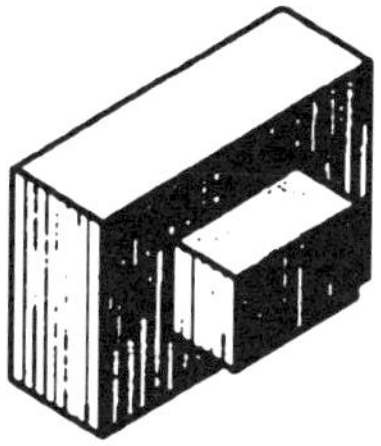

④

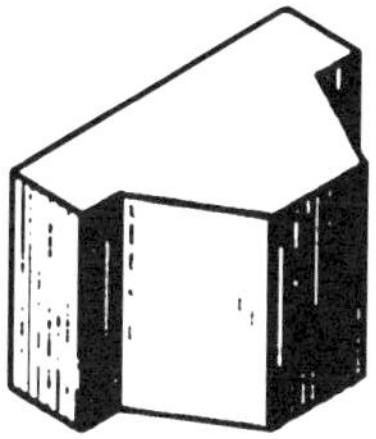

⑤

⑥

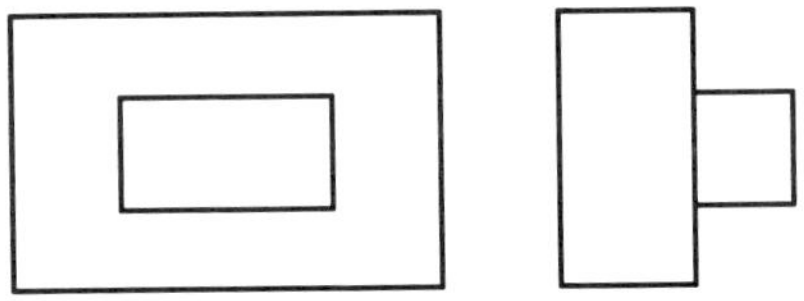

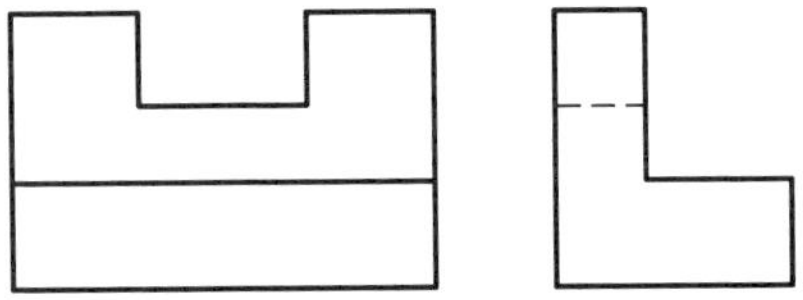

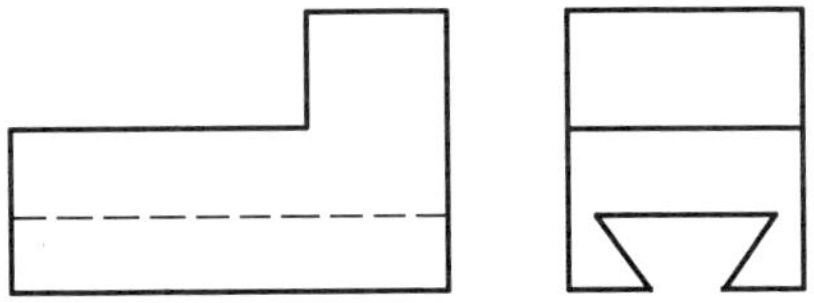

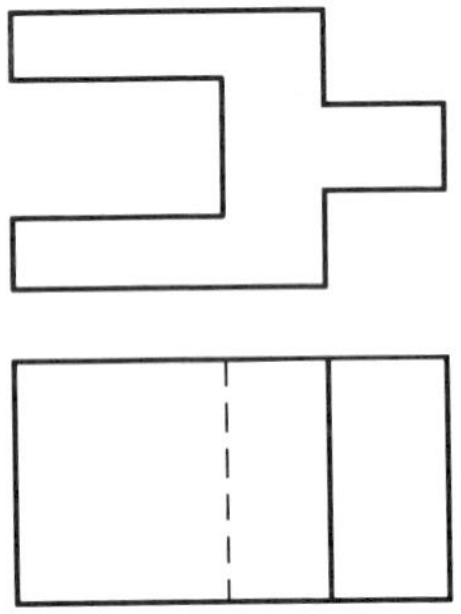

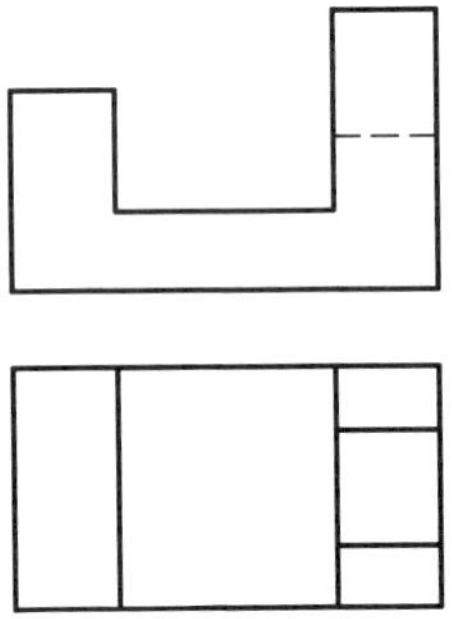

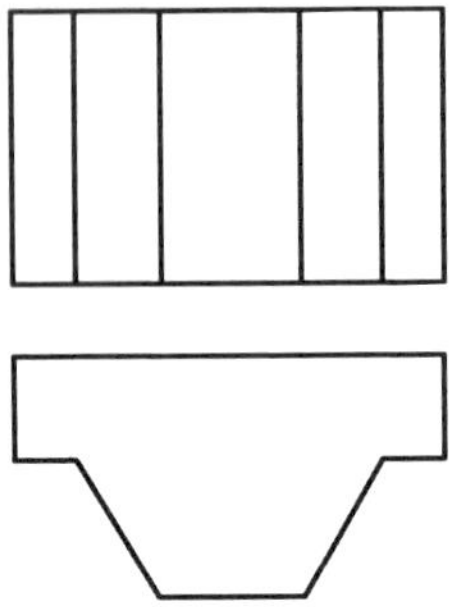

3-9 看懂三视图,补齐视图中所缺的图线。

(1)

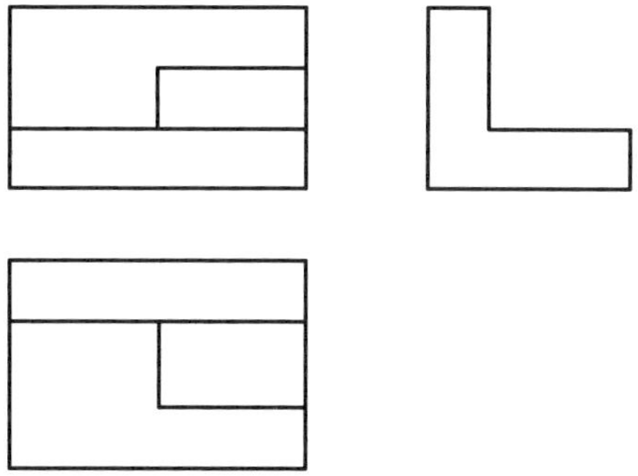

(2)

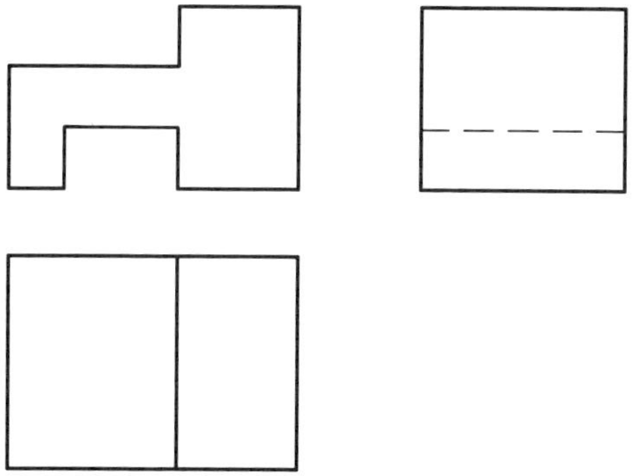

(3)

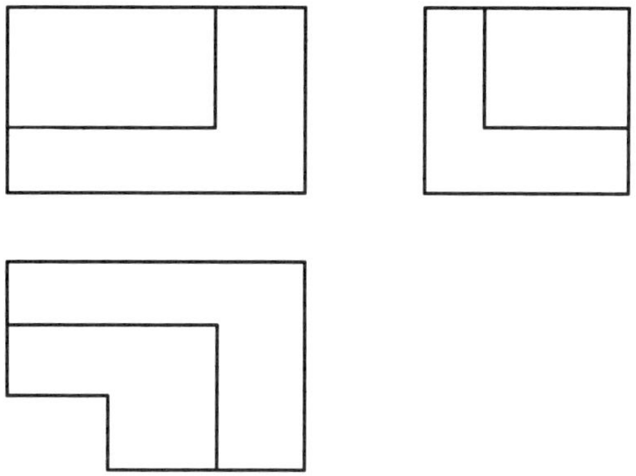

(4)

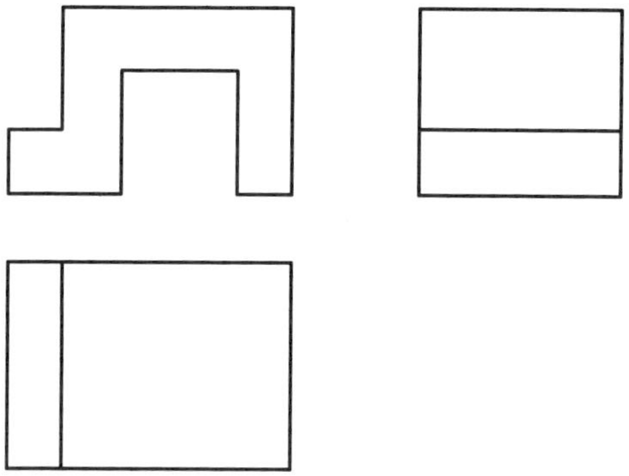

3－10　求作左视图。

(1)

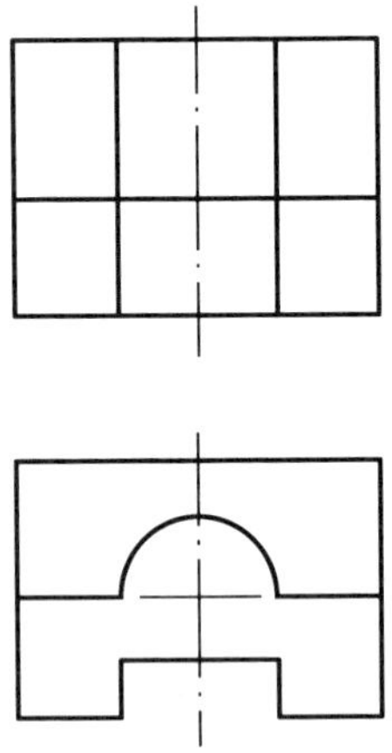

(2)

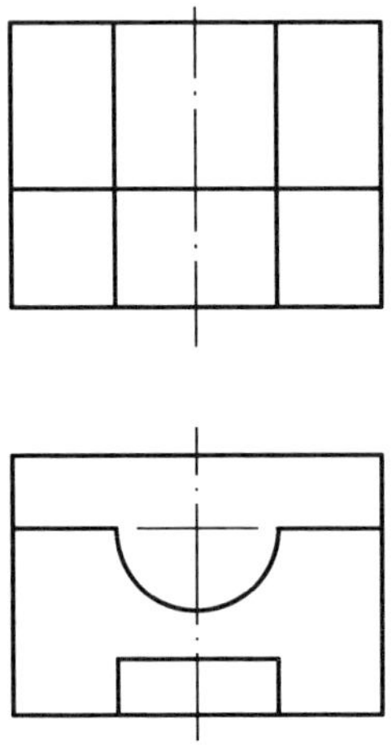

(3)

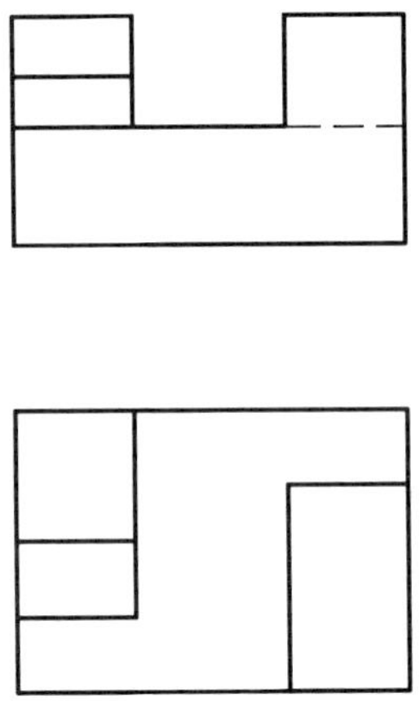

(4)

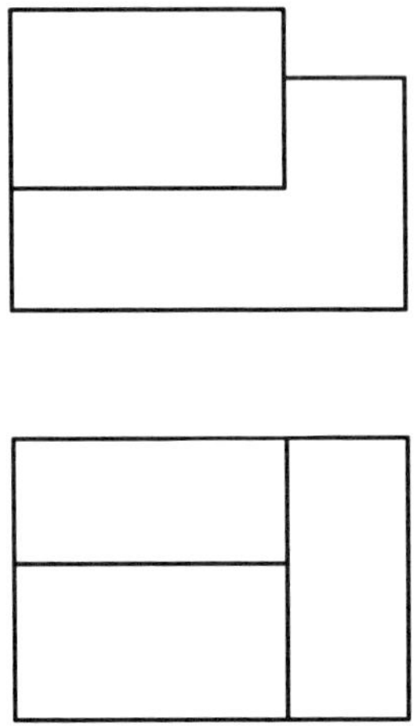

4－1 求作左视图,并用彩色笔勾画出平面 *P* 的三投影。

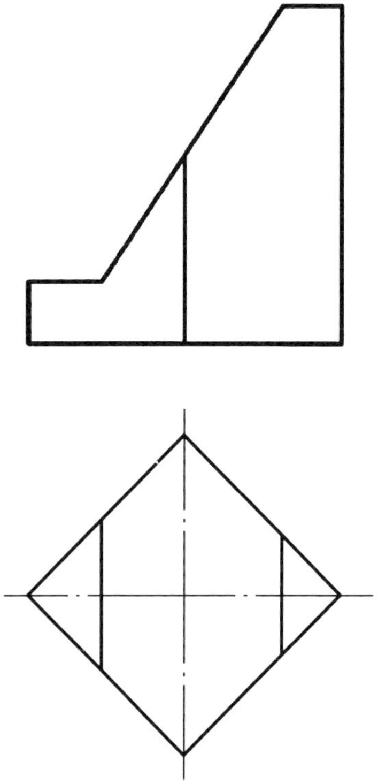

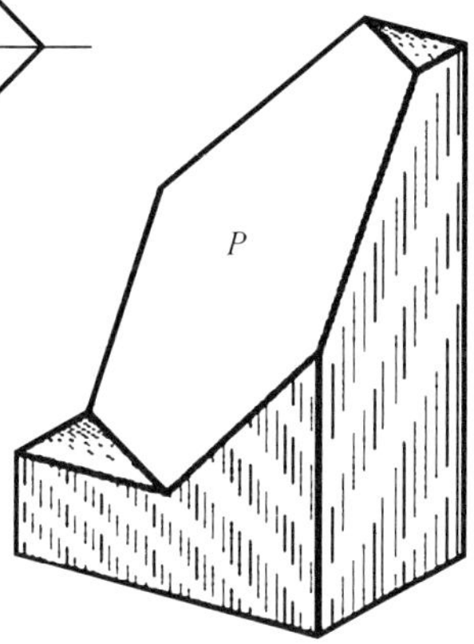

4－2 求作俯视图,并用彩色笔勾画出平面 *Q* 的三投影。

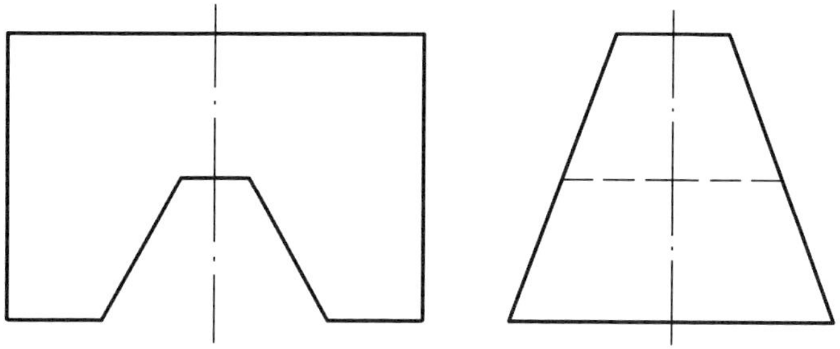

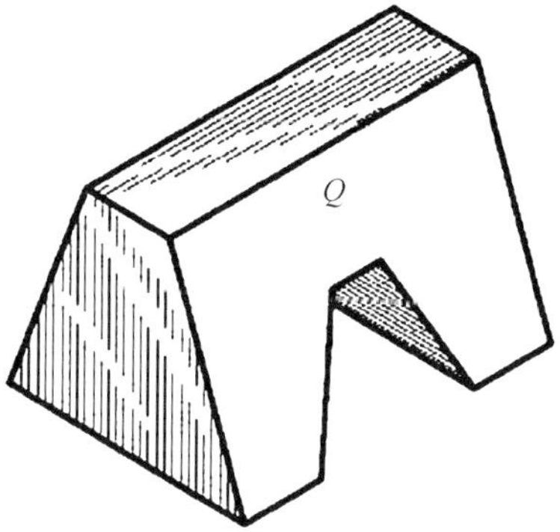

4 -3　分析视图,求作主视图。

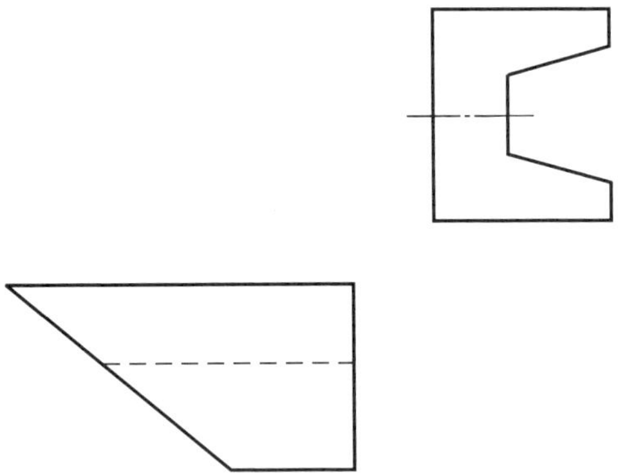

4 -4　分析视图,求作俯视图。

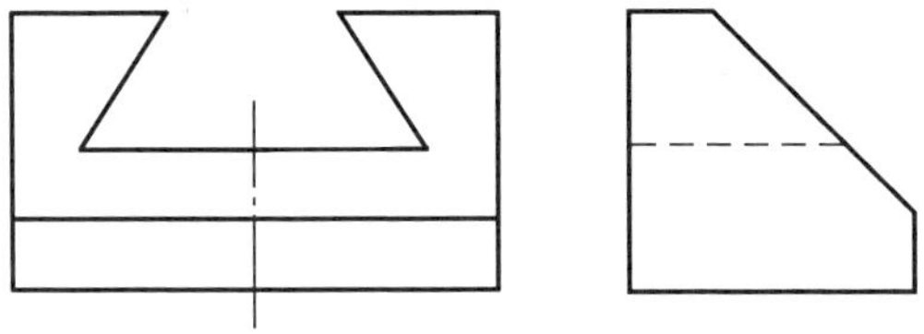

4 -5　求作俯视图,并标出平面 P 的其余两个投影。

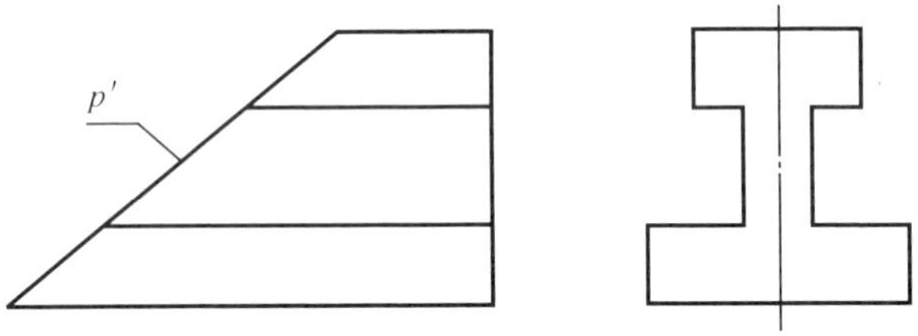

4 -6　求作左视图,并标出平面 P 的其余两个投影。

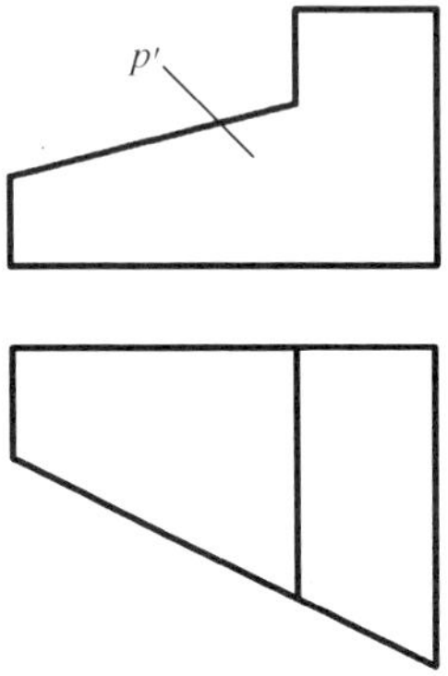

　专业班级　　　姓名　　　学号　　　审阅

4－7　完成立体被切割后的左视图和俯视图。

(1)

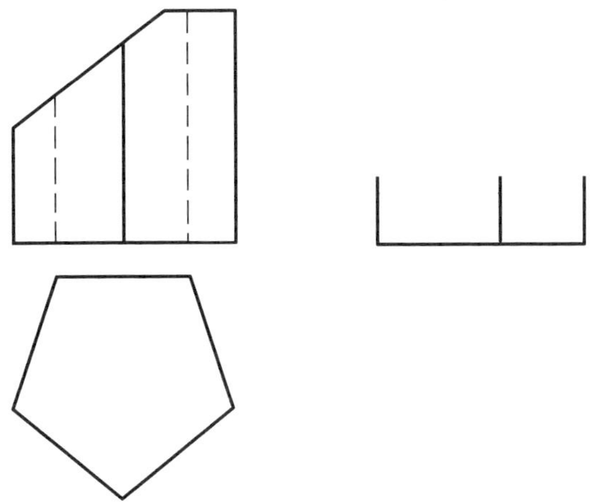

(2)

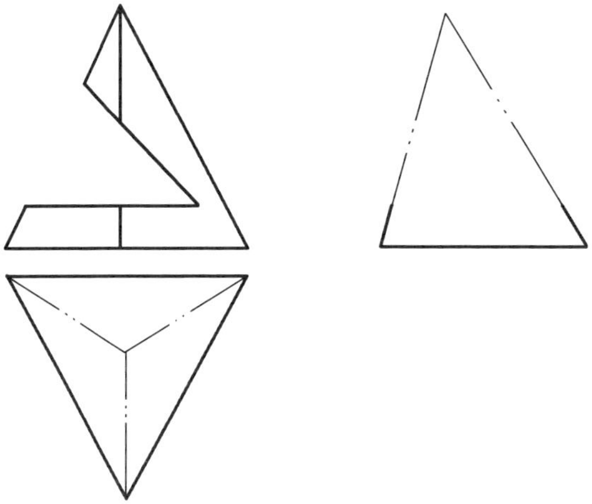

(3)

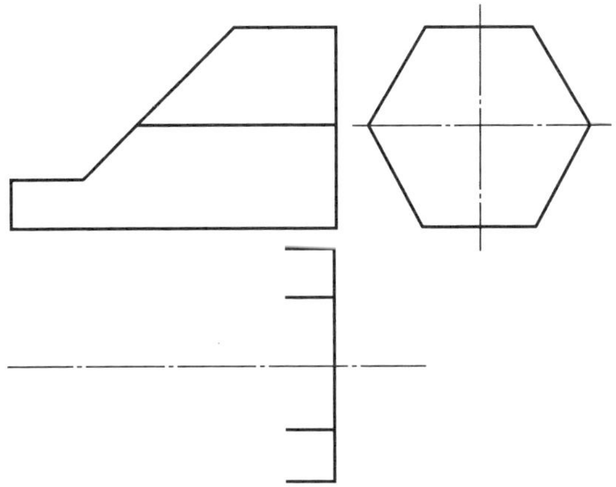

(4)

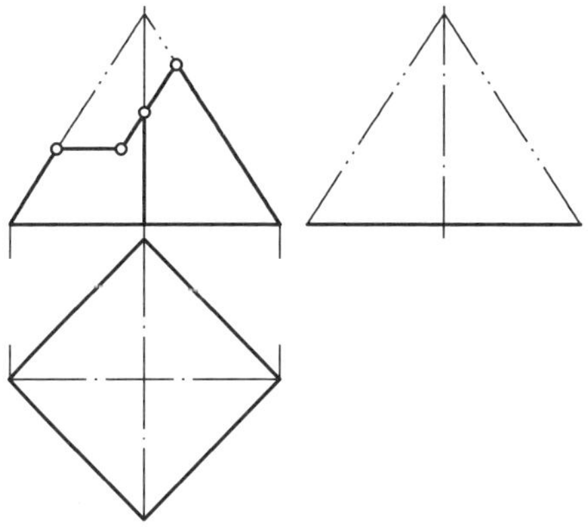

4－8　分析视图，补画第三视图。

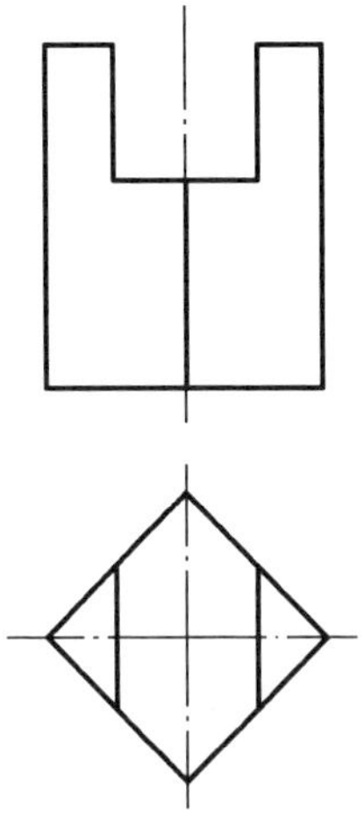

4－9　求作主视图。

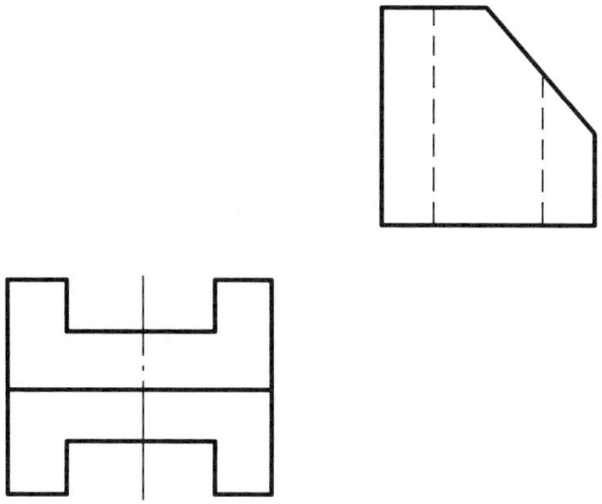

4－10　求作左视图。

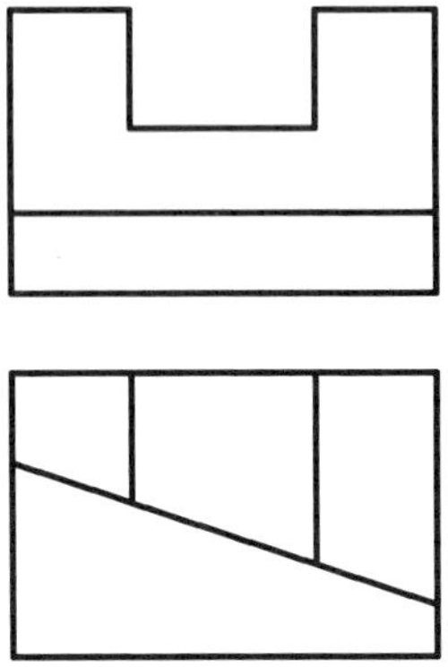

4－11　求作俯视图。

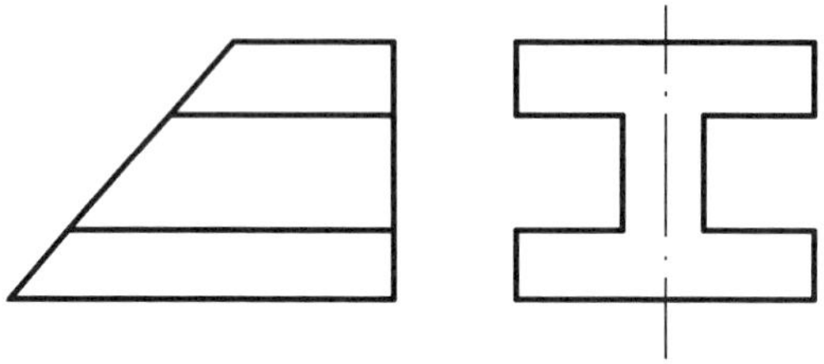

4－12　补全视图上所缺的线。

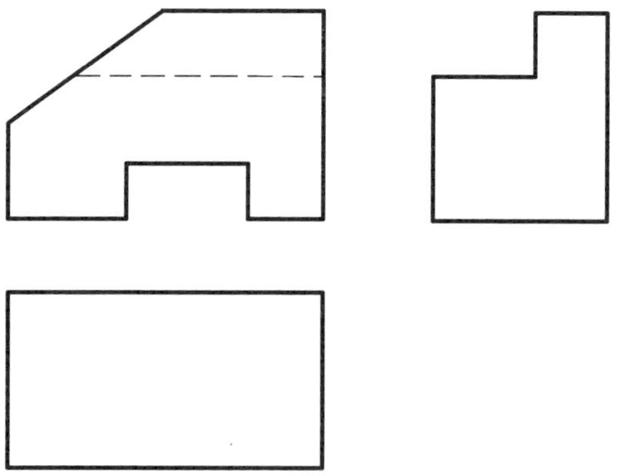

4－13　补全视图上所缺的线。

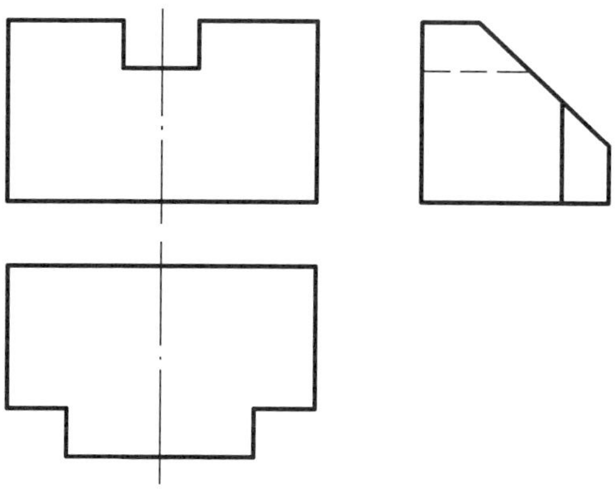

4－14　补全视图上所缺的线。

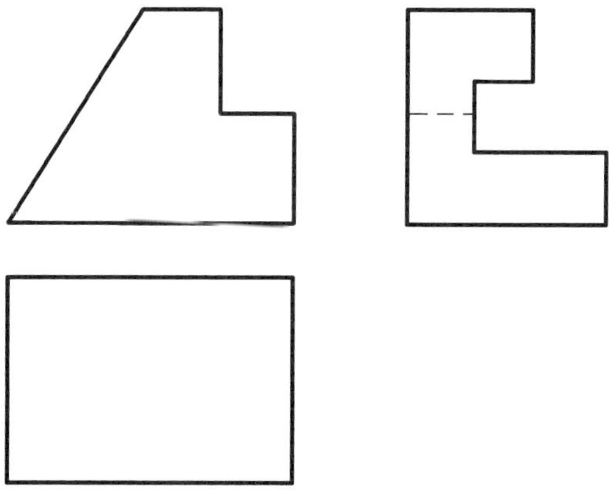

4－15　补全视图上所缺的线，并求出 P、Q 面其余两投影。

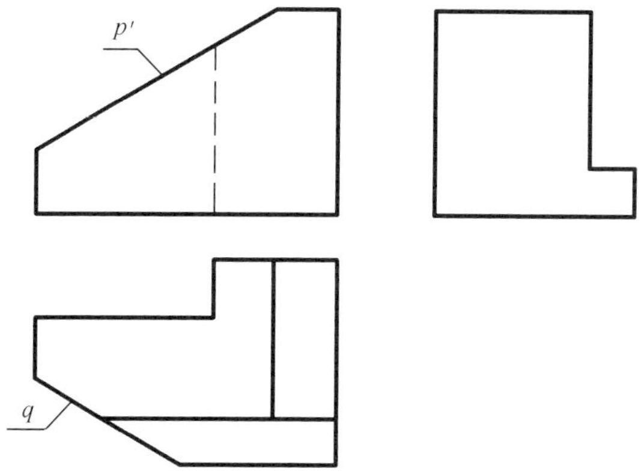

4 - 16　求作俯视图。

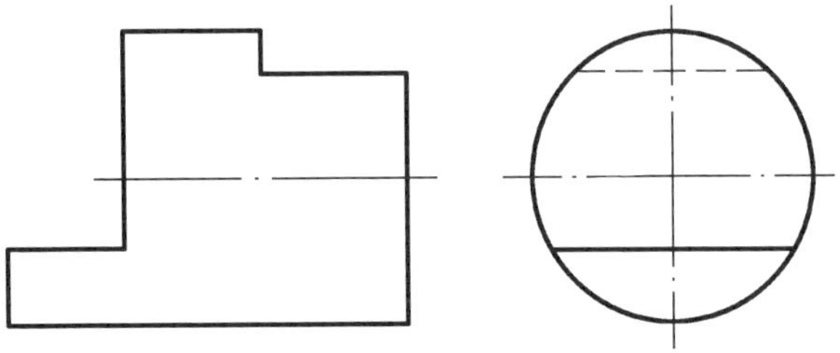

4 - 17　求作俯视图。

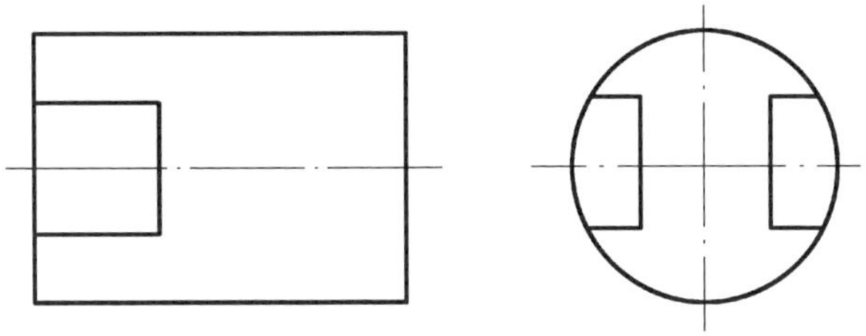

4 - 18　求作俯视图。

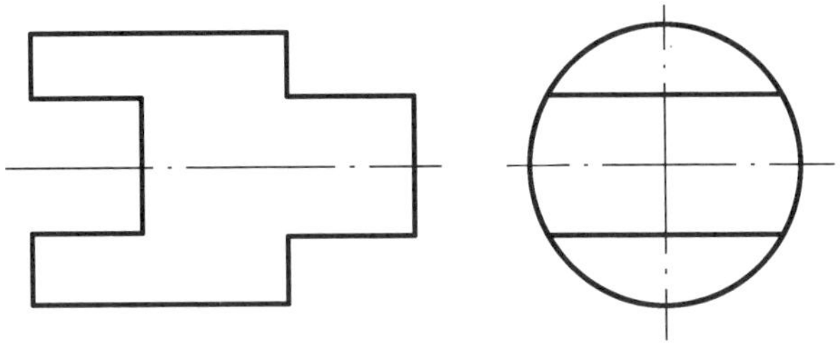

4 - 19　求作左视图。

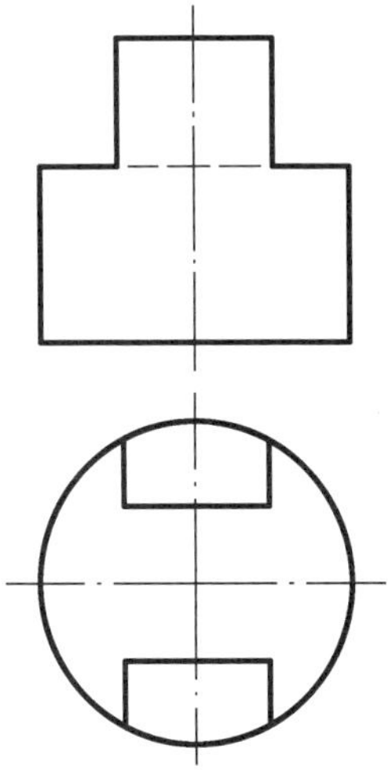

4－20　分析曲面立体的截交线，并补全曲面立体的三面投影。

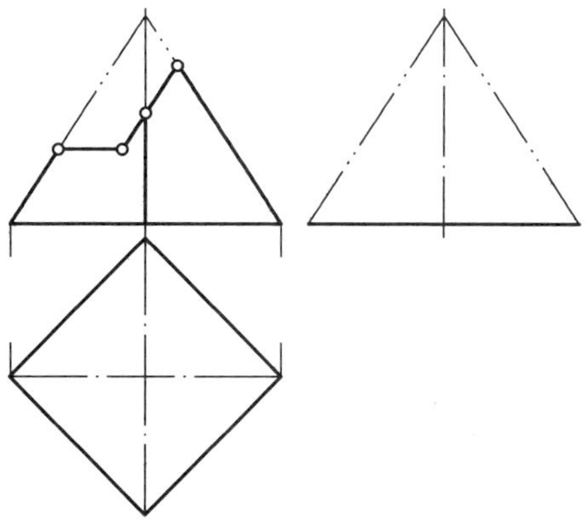

4－21　分析曲面立体的截交线，并补全曲面立体的三面投影。

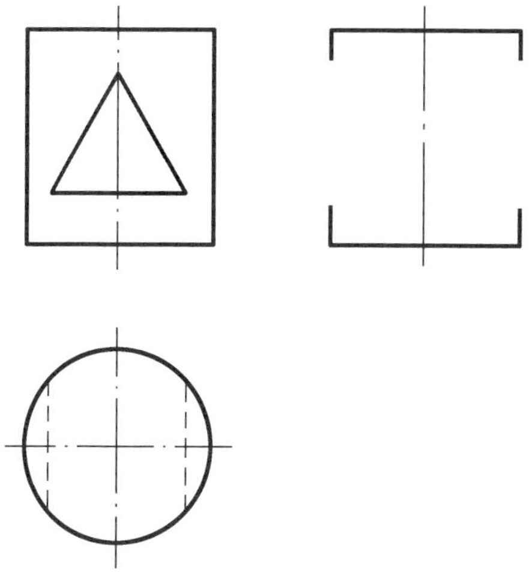

4－22　分析曲面立体的截交线，并补全曲面立体的三面投影。

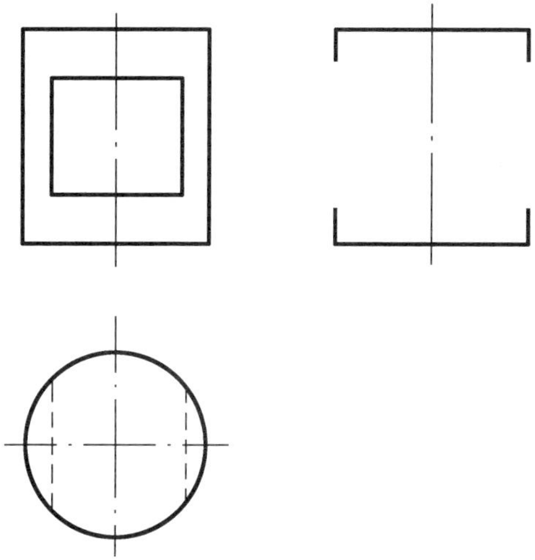

4－23　补全主视图上所缺的截交线，并作左视图。

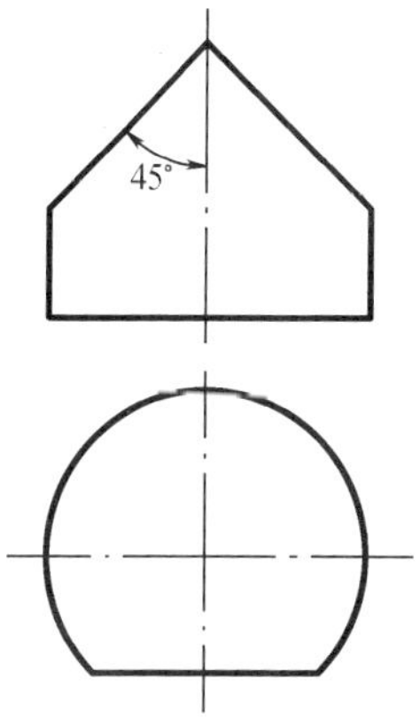

4－24　求作左视图。

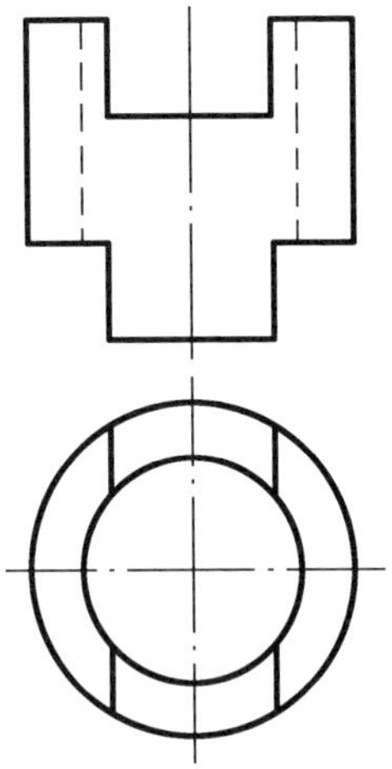

4－25　求作左视图。

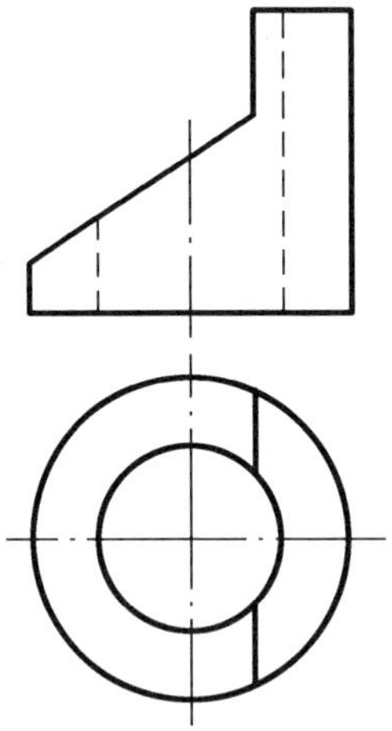

4－26　求作俯视图。

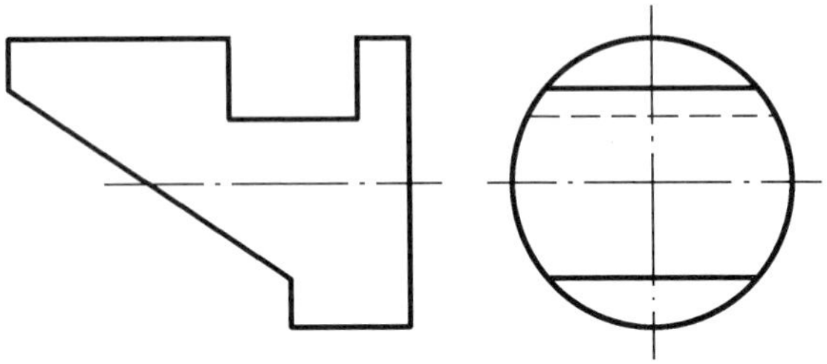

4－27　求作俯视图。

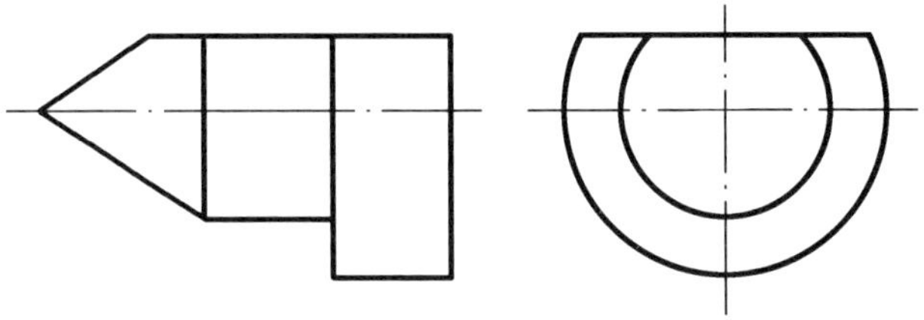

4－28　补全俯视图，并求作左视图。

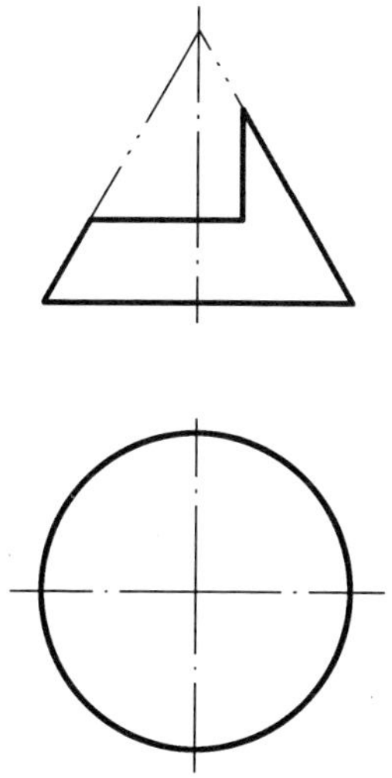

4－29　补全左视图，并求作俯视图。

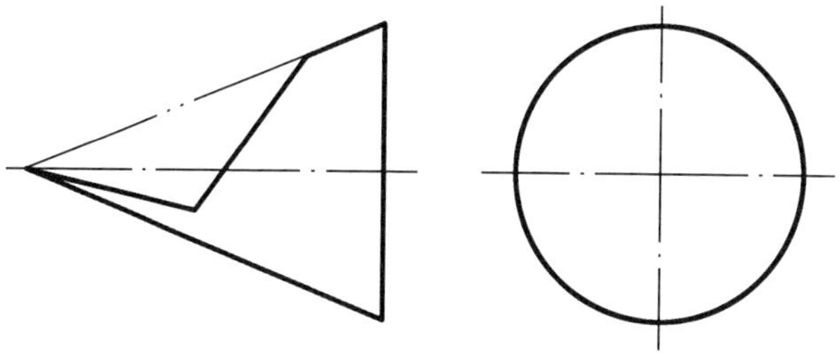

4－30　补全俯视图，并求作左视图。

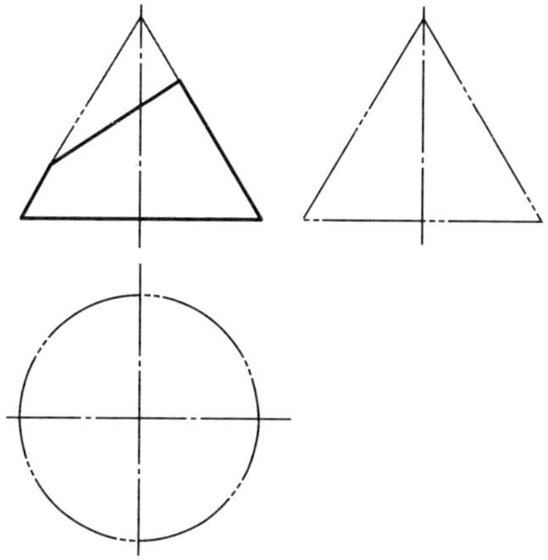

4－31　补全俯视图，并求作左视图。

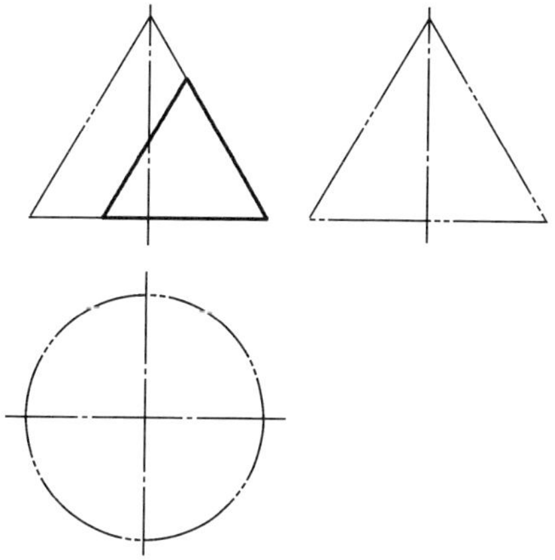

4－32　求球被截切后的俯视图和左视图。

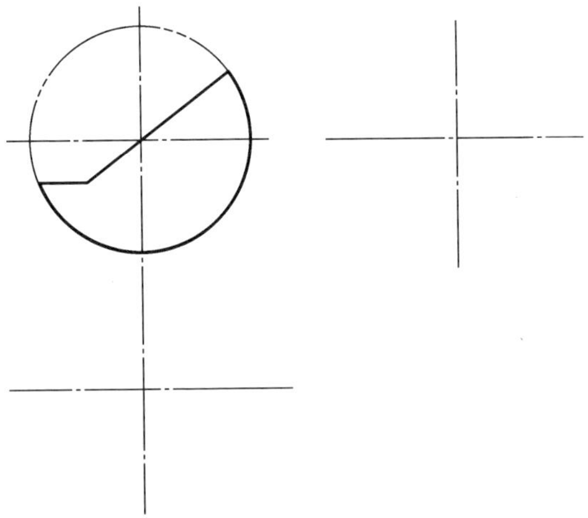

4－33　补全球被截切后的俯视图，并求左视图。

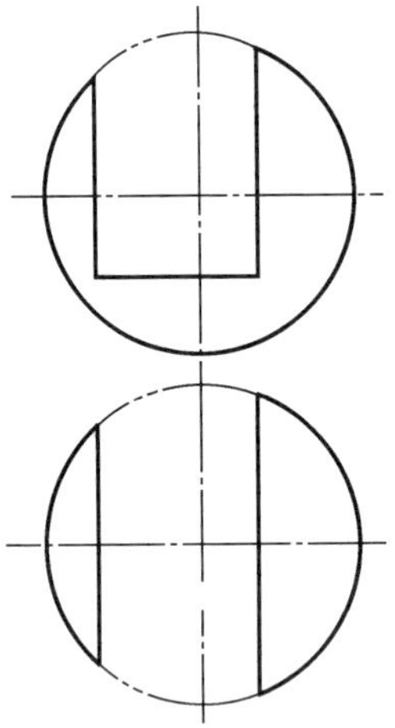

4－34　补画左视图，并补画俯视图中所缺的线。

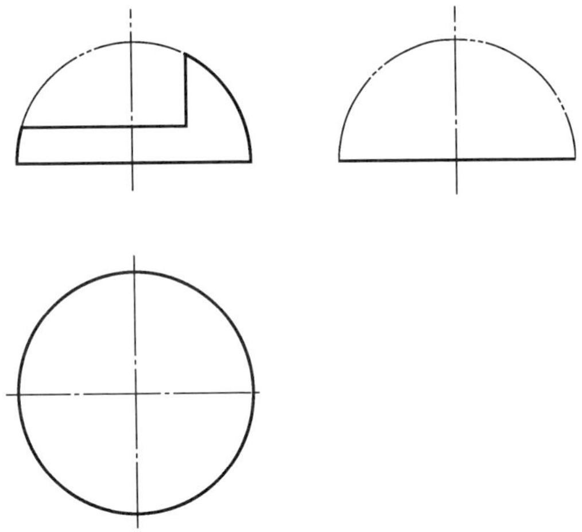

4－35　补画左视图，并补画俯视图中所缺的线。

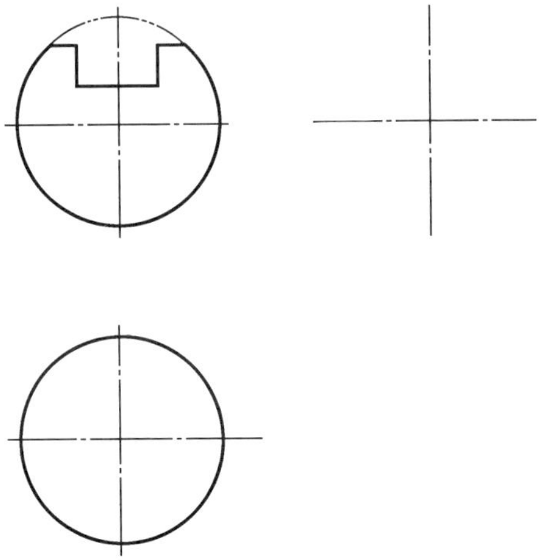

4－36　补齐视图中所缺的线。

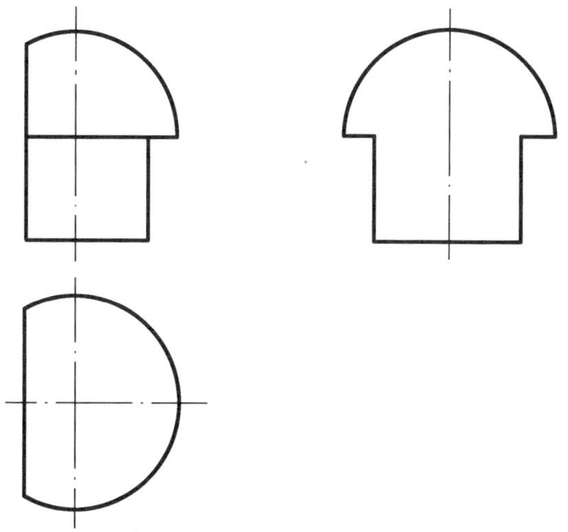

4－37　补齐视图中所缺的线。

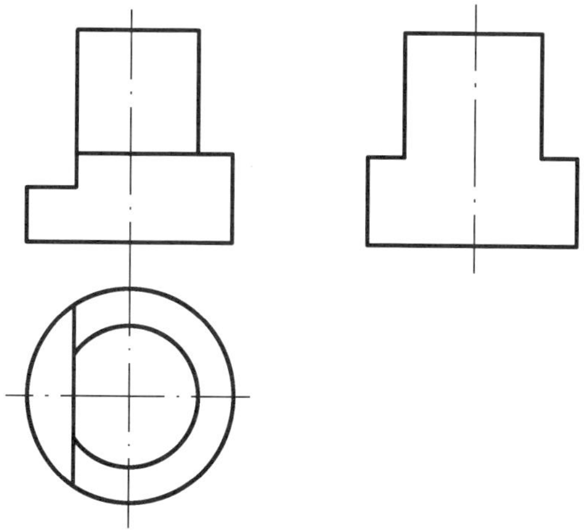

4－38　补齐视图中所缺的线。

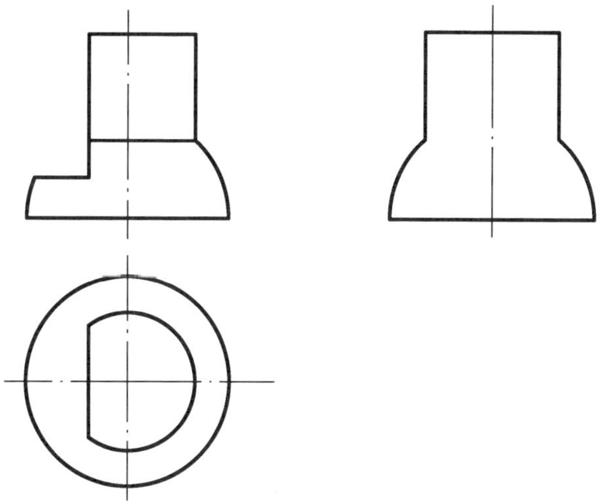

4－39　补齐视图中所缺的线。

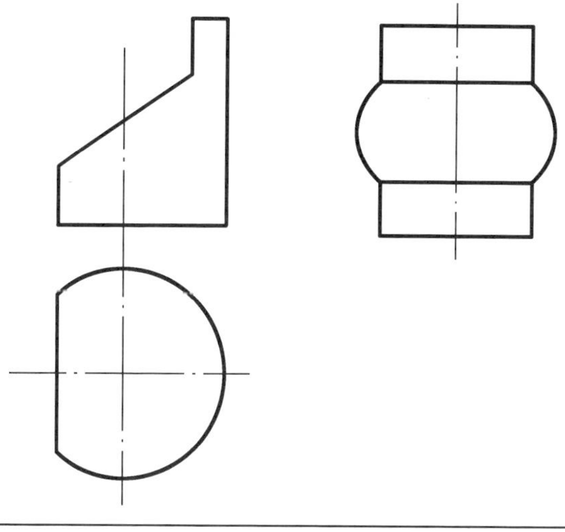

5 立体与立体相交

5－1 补全左视图。

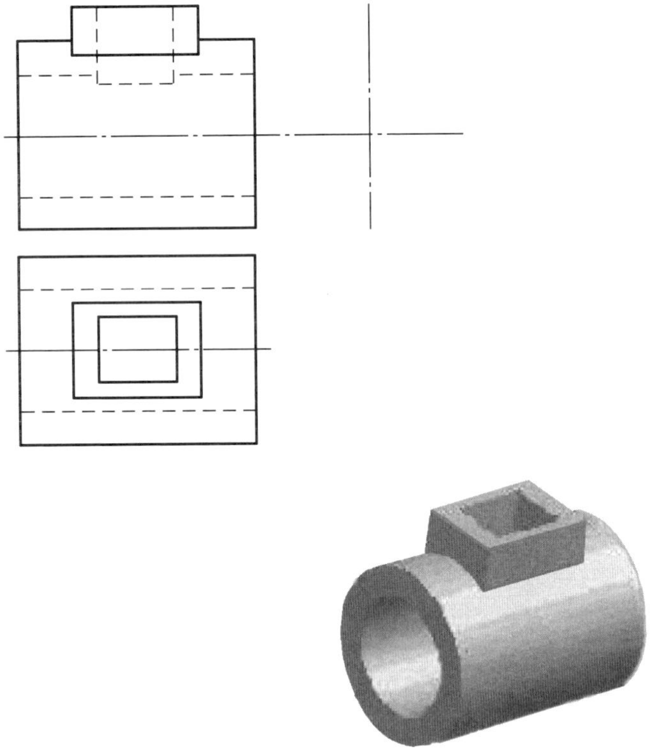

5－2 作四棱柱与圆锥相贯后的 *W* 面的投影。

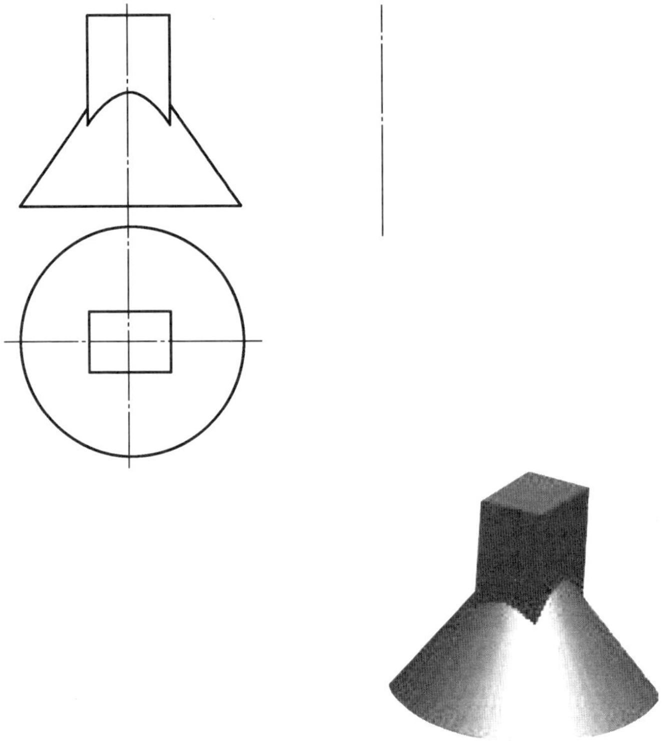

5－3　补全棱柱与圆球相贯的 *H* 面投影。

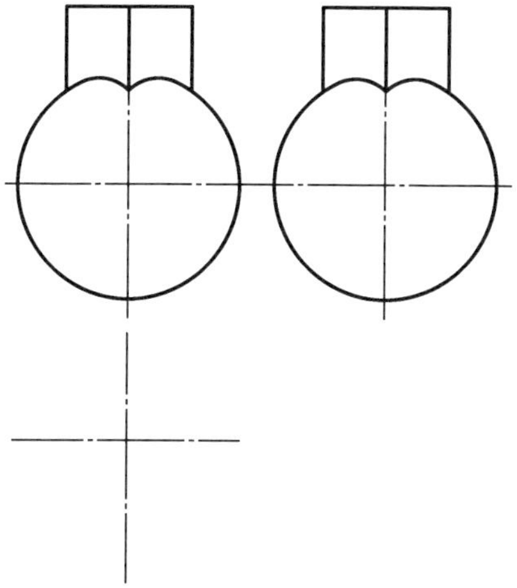

5－4　四棱柱与半圆球相交，补全主视图并求左视图。

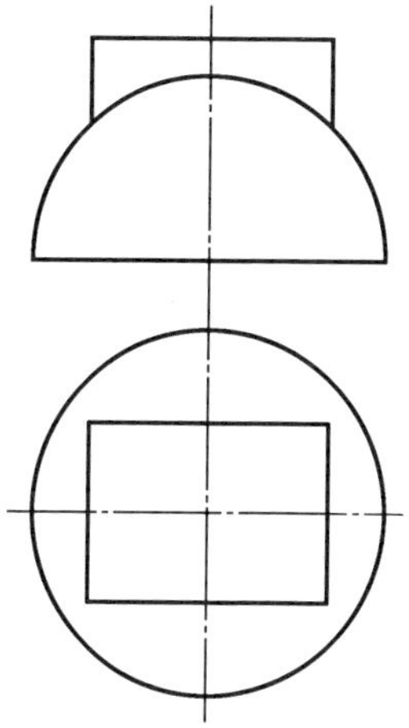

5－5　补全相贯线正面投影(保留作图线)。

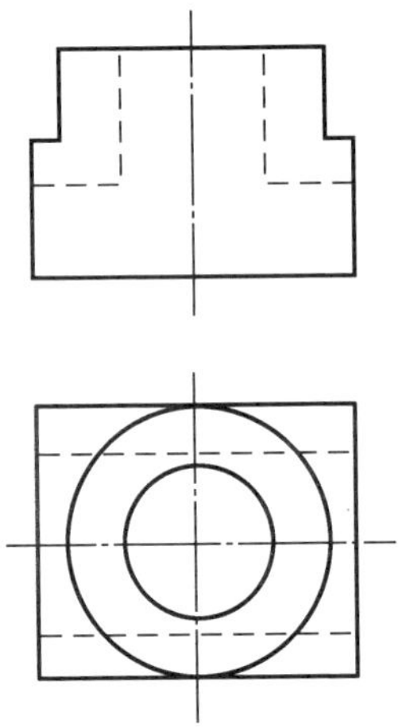

5－6　完成带孔圆柱的正面投影。

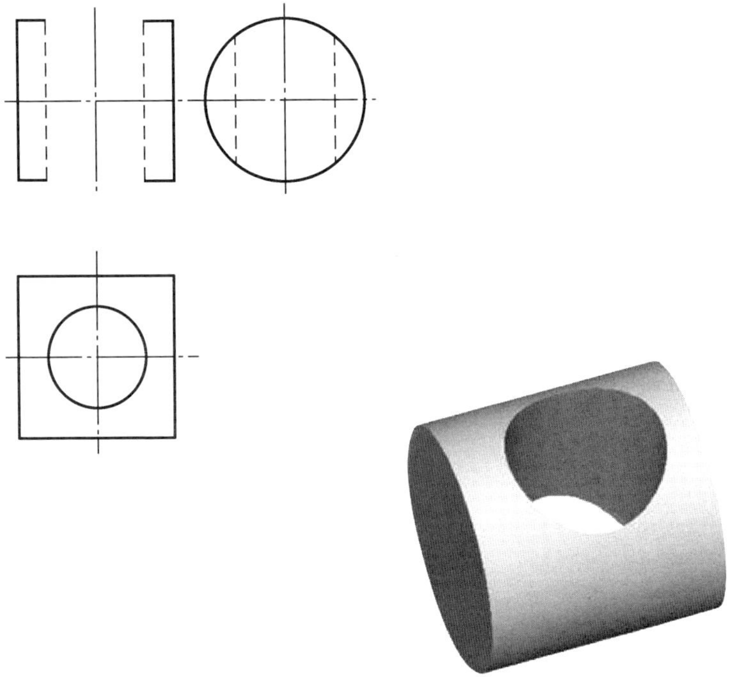

　专业班级　　姓名　　学号　　审阅

5－7　两圆柱相交，补全主视图所缺的相贯线。

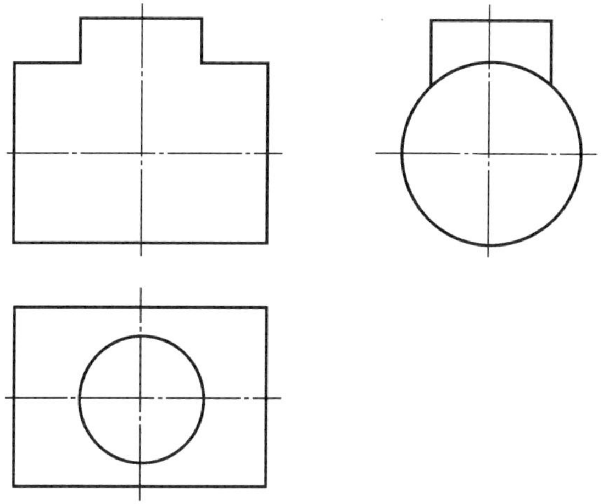

5－8　求作俯视图。

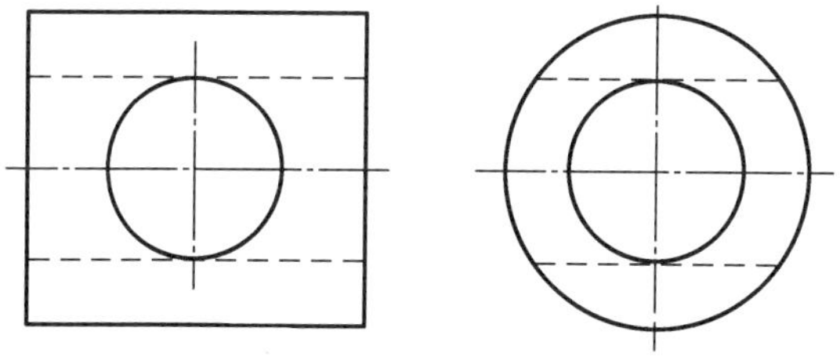

5－9　求作左视图。

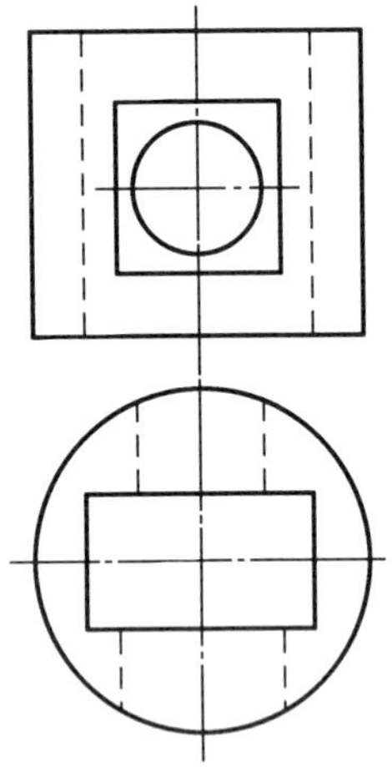

5－10　补画下列主视图中缺漏的线。

（1）

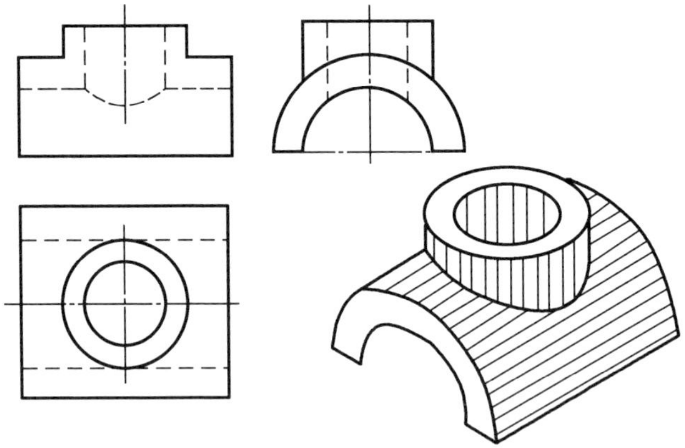

（2）

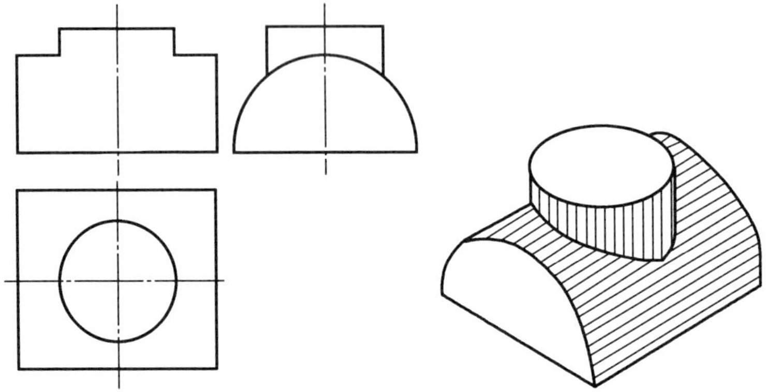

(3)

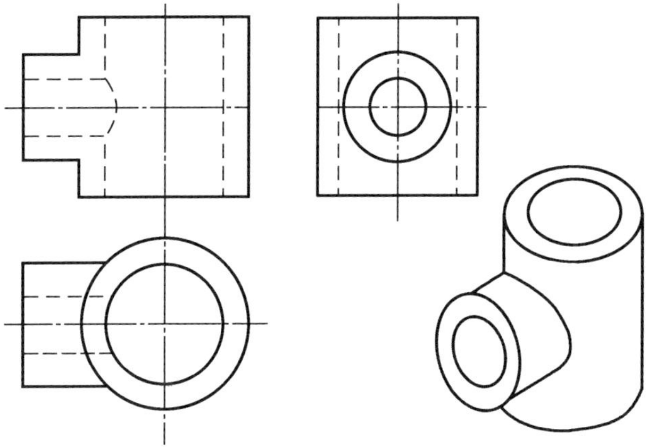

(4)

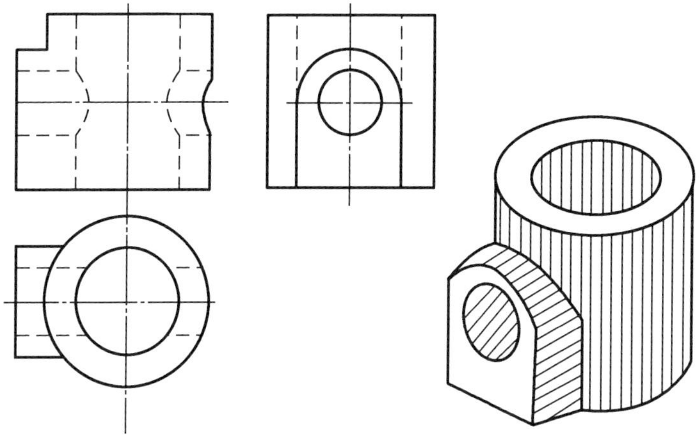

5－11　补画第三视图。

（1）

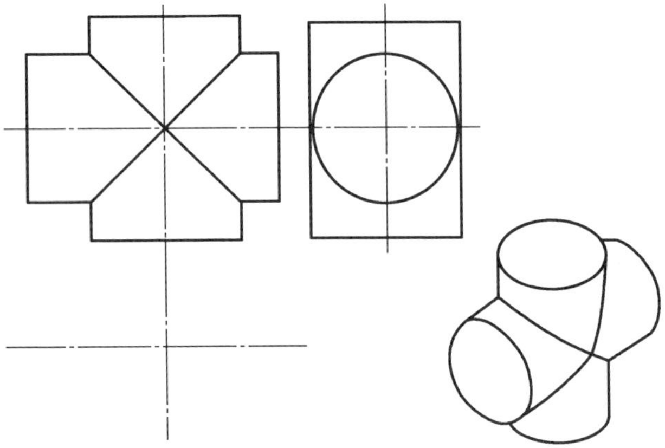

（2）

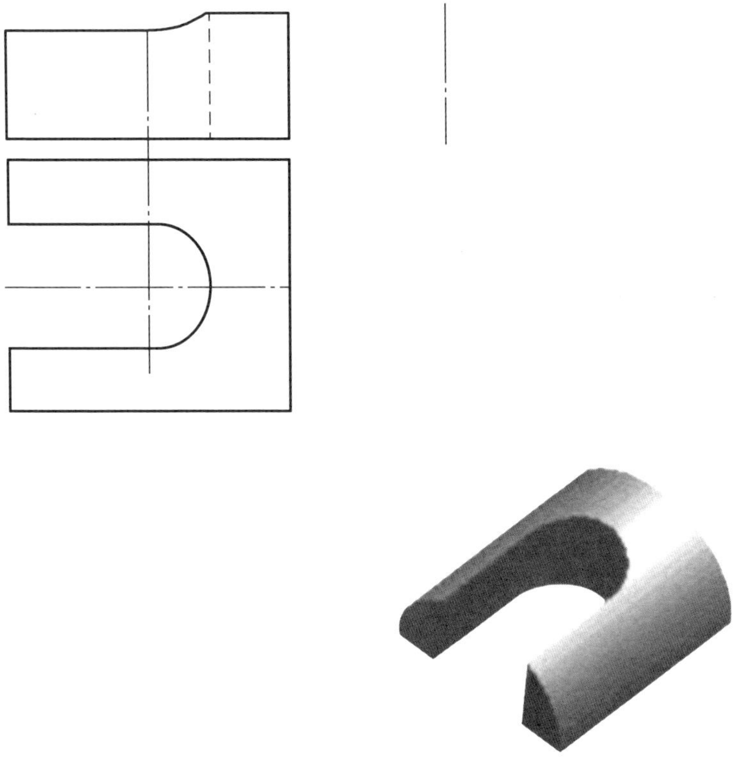

　专业班级　　　　姓名　　　　学号　　　　审阅

(3)

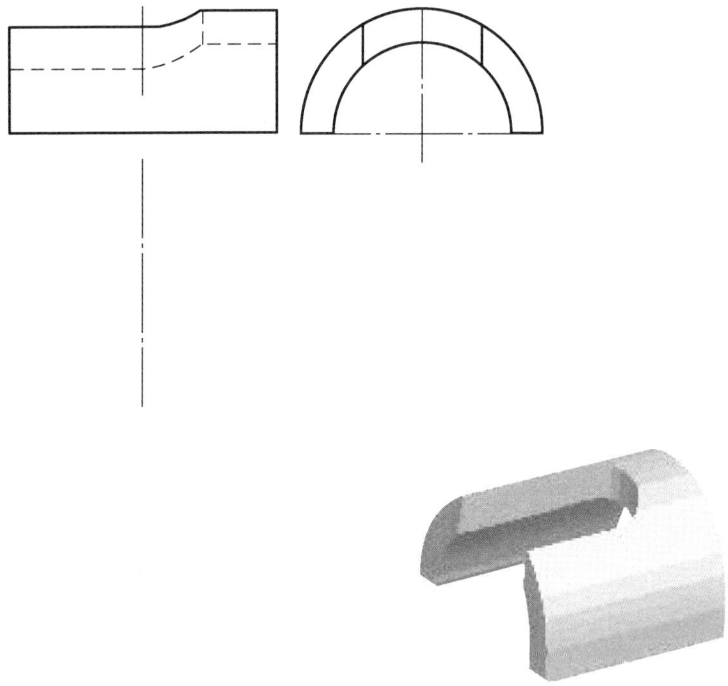

(4)

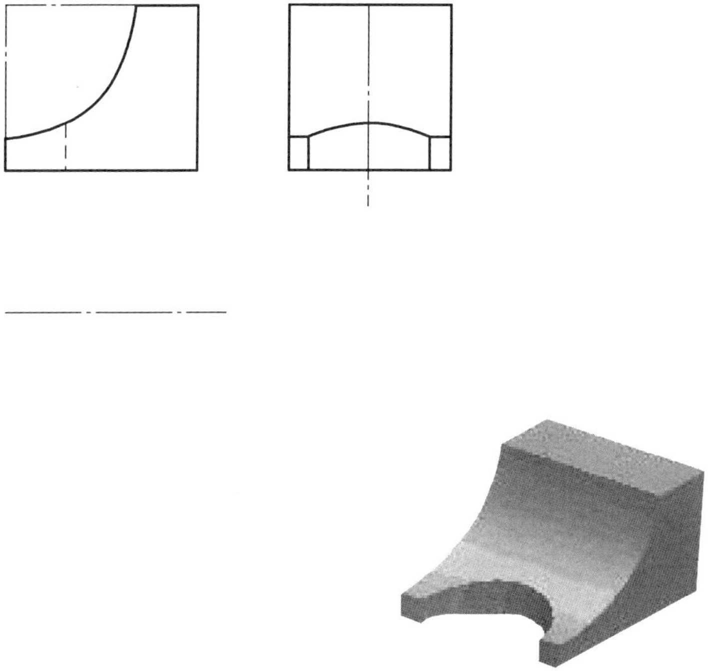

5－12　作圆柱与圆锥相贯后的 *H* 面和 *V* 面的投影。

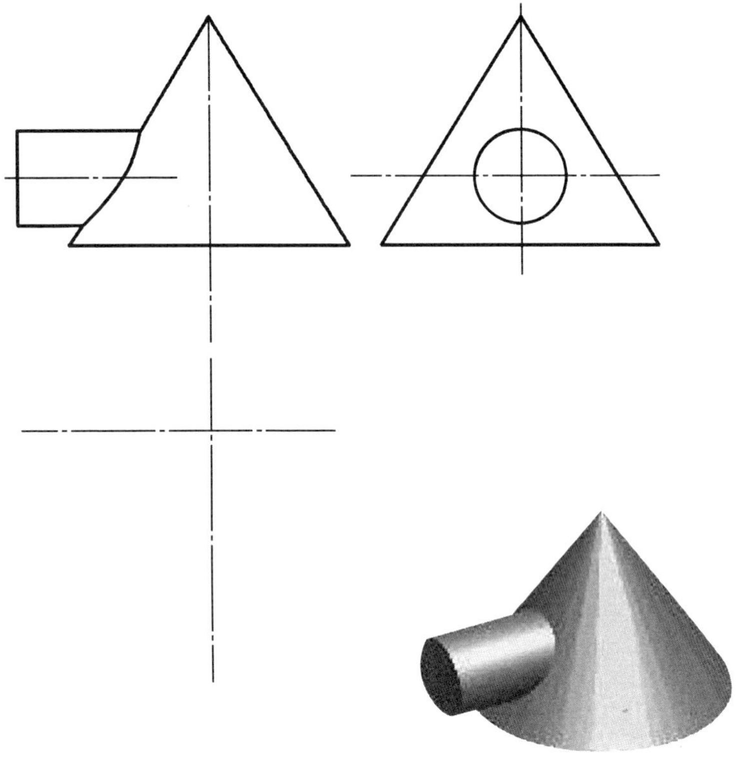

5－13　作圆柱与圆锥相贯后的 *W* 面的投影。

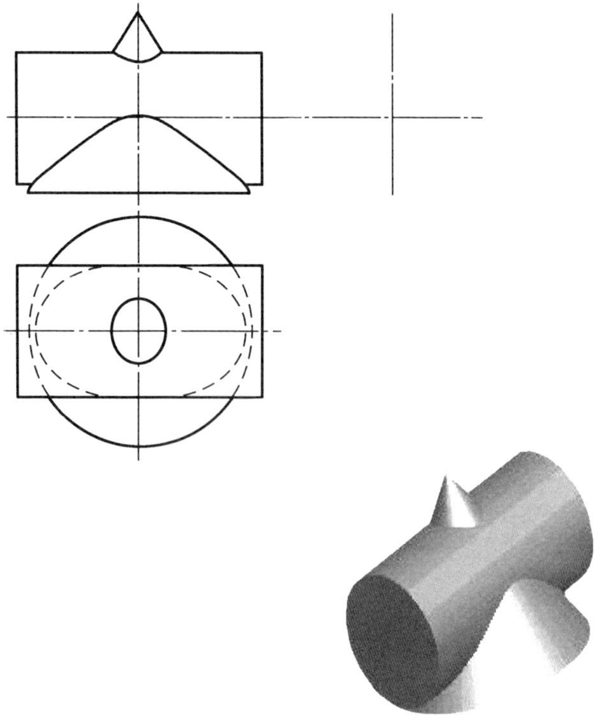

5－14　作圆柱孔与圆锥相贯后的 *H* 面的投影。

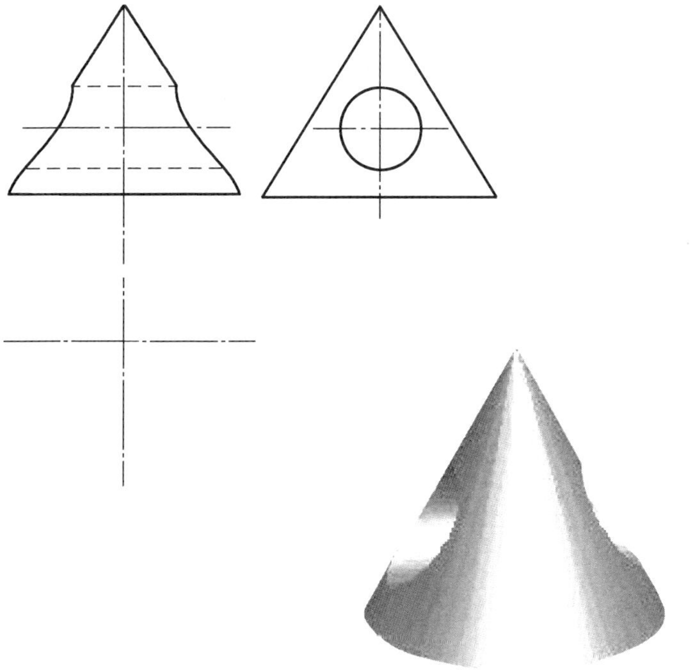

5－15　作圆柱孔与圆相贯后的 *V* 面的投影。

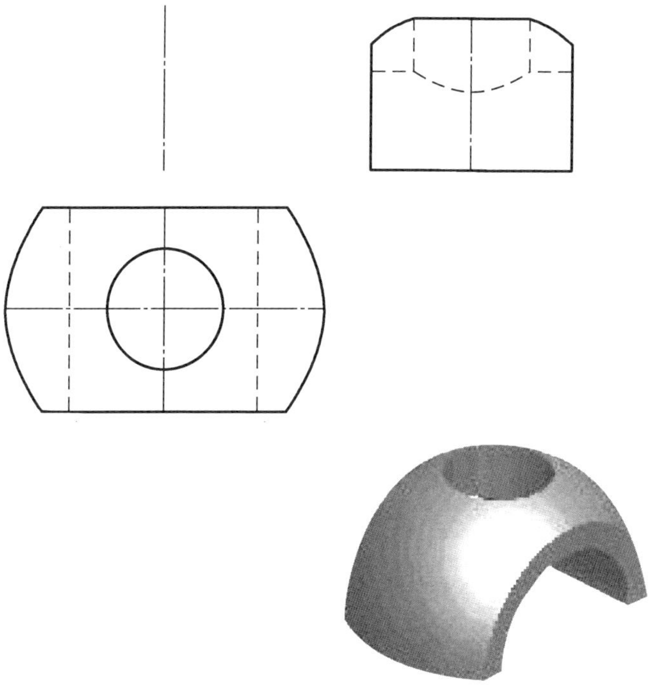

5－16　求作图示立体的侧面投影。

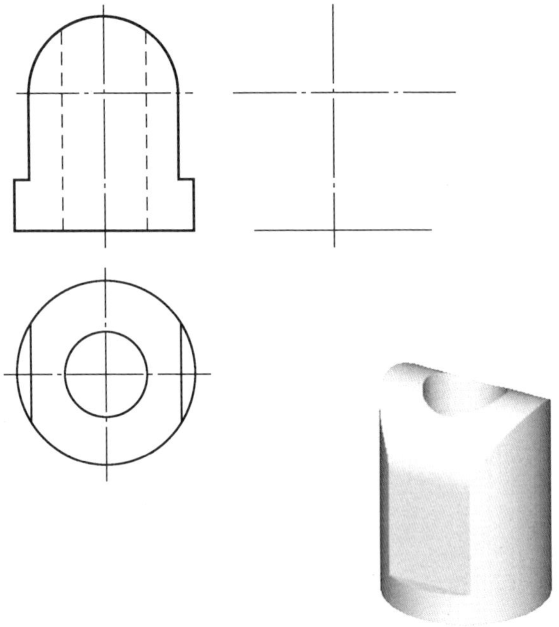

5－17　求作图示立体的侧面投影。

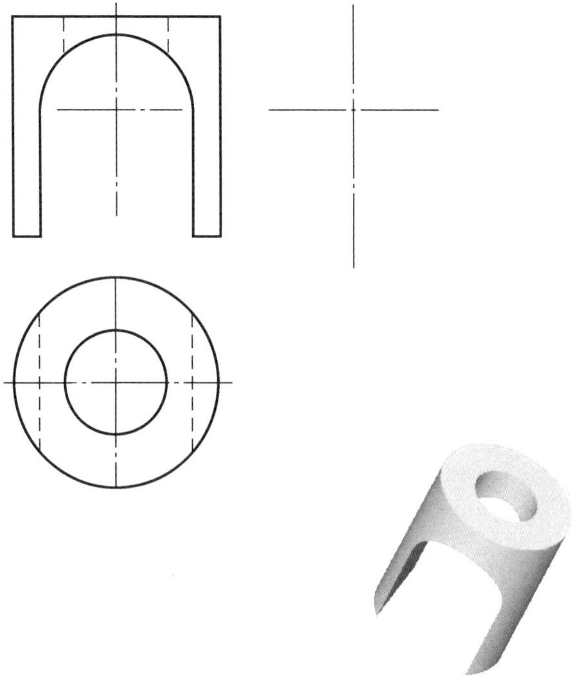

5 - 18　求作图示立体的侧面投影。

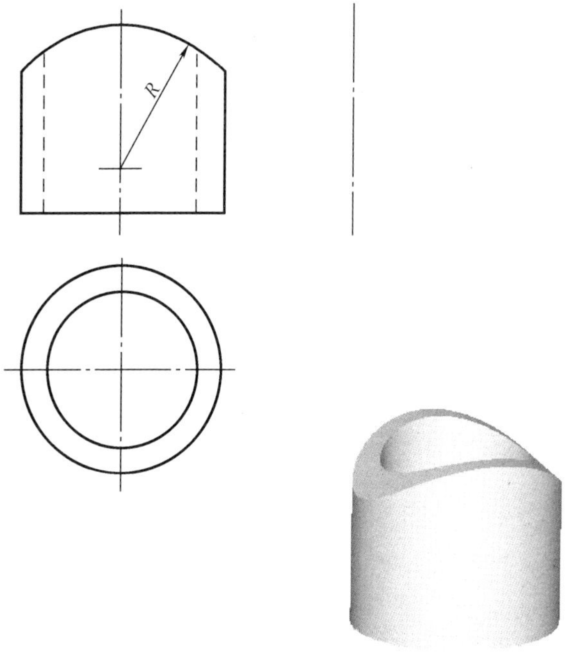

5 - 19　求作图示立体的侧面投影。

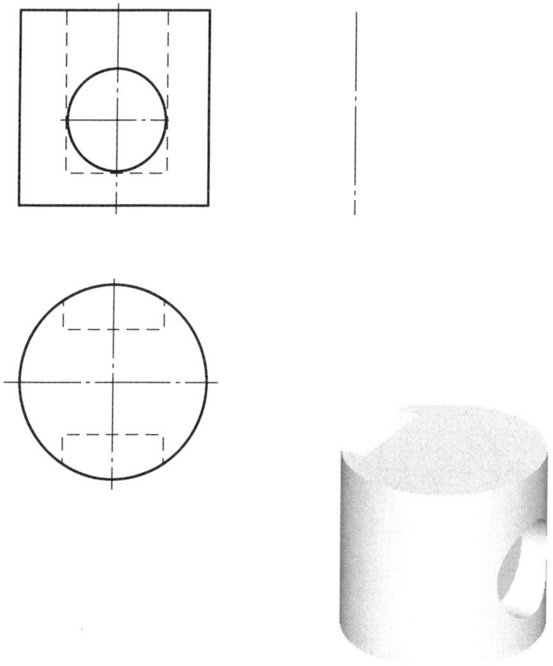

5－20　补全相贯线正面投影(保留作图线)。

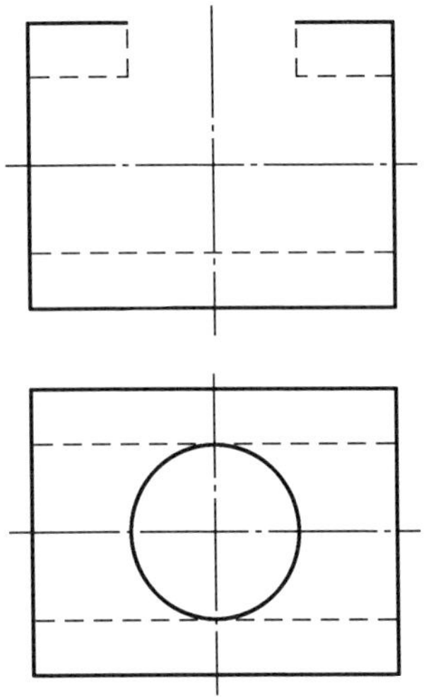

5－21　分析圆柱面与球面的相贯线,并完成其正面及侧面投影。

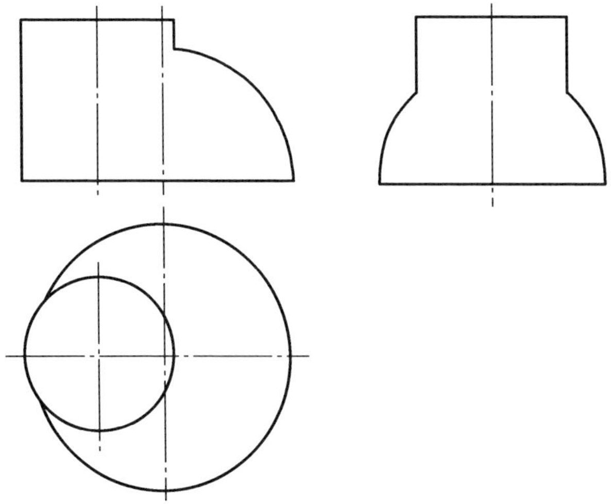

　专业班级　　　姓名　　　学号　　　审阅

5－22　补全相贯体主视图所缺的图线。

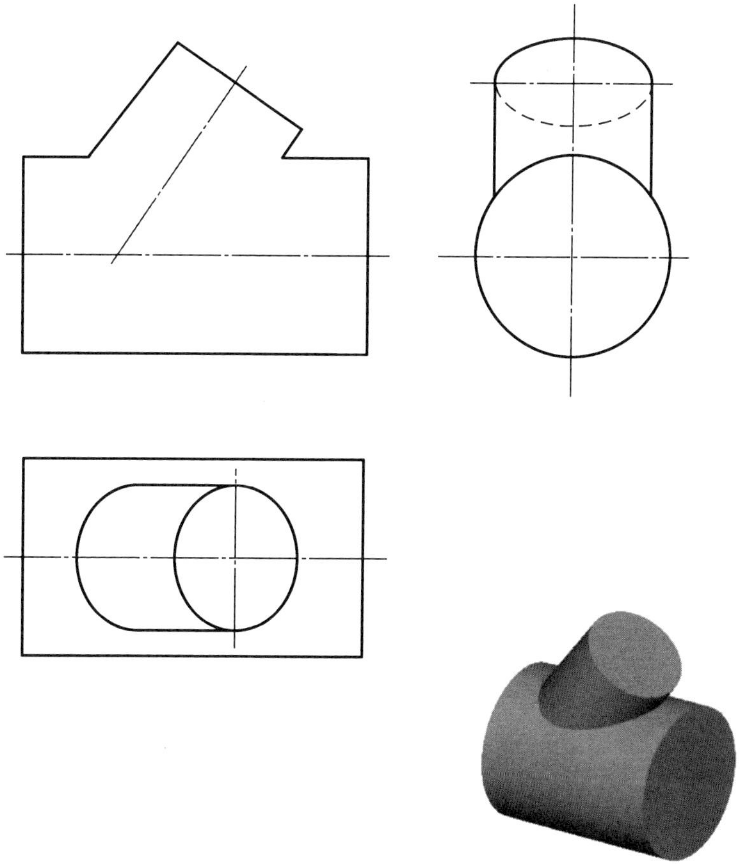

6－1 补画组合体视图中所漏画的图线。

（1）

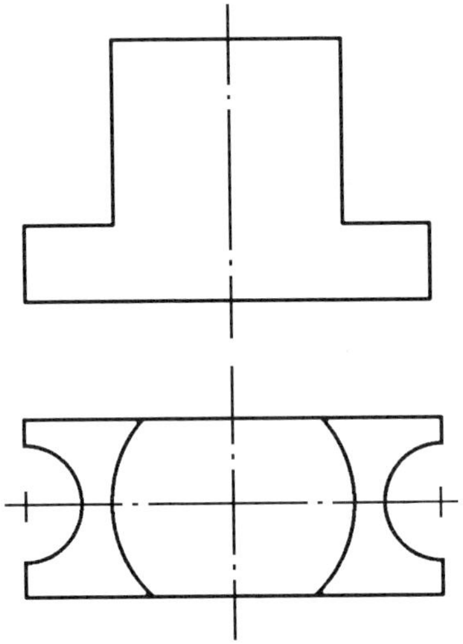

（2）

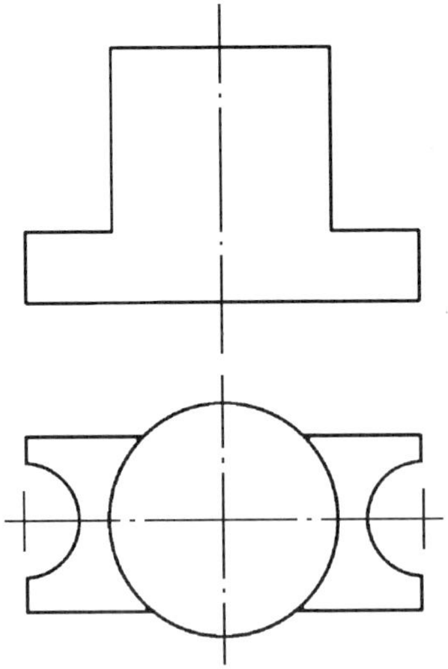

（3）

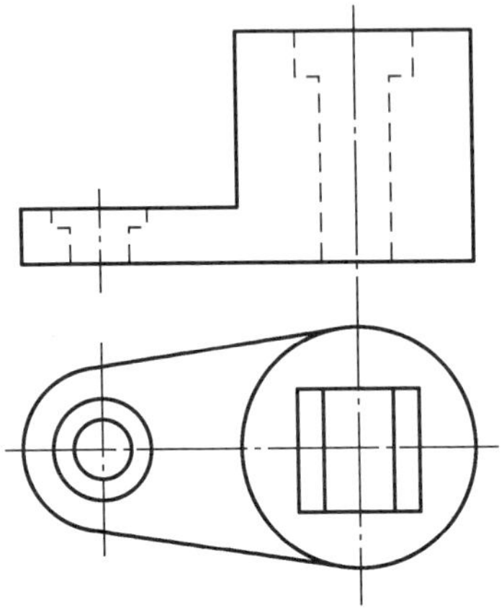

（4）

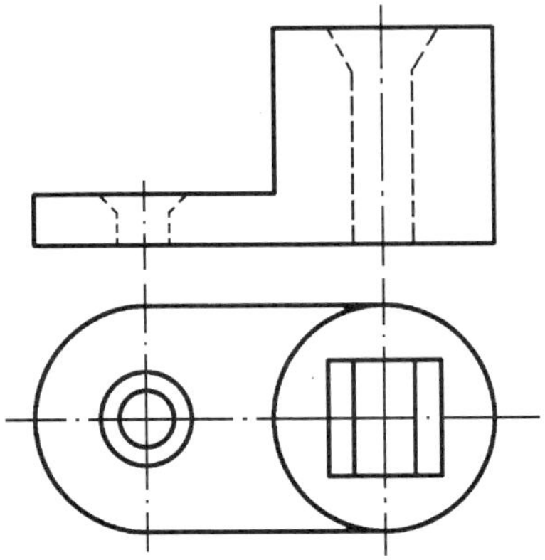

(5)

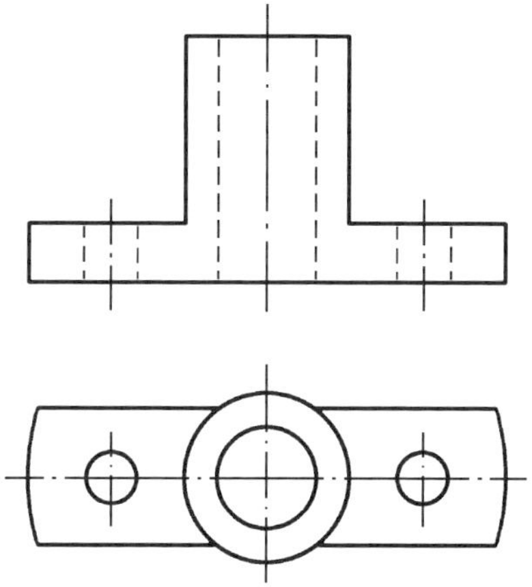

(6)

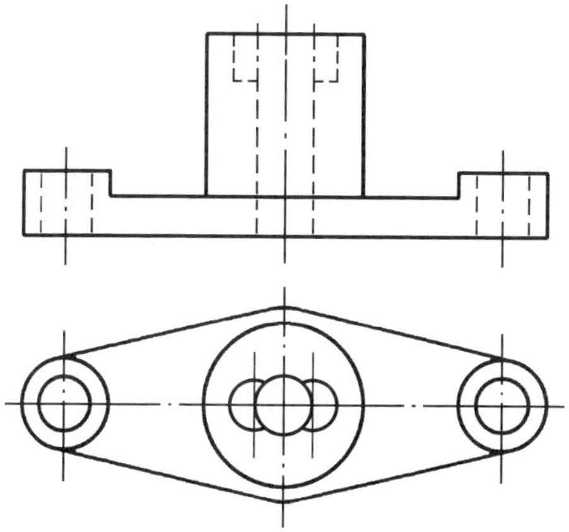

(7)

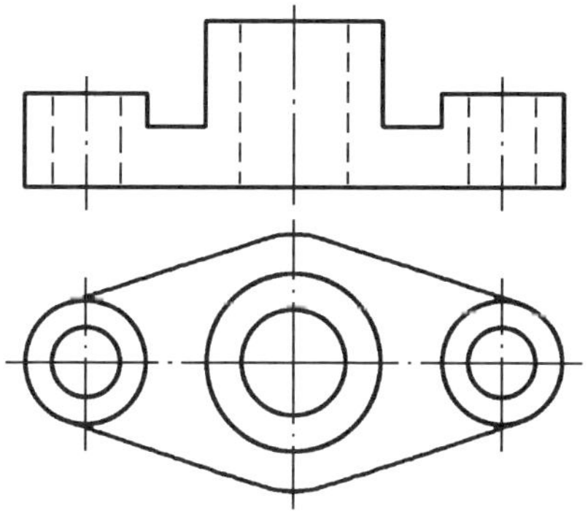

(8)

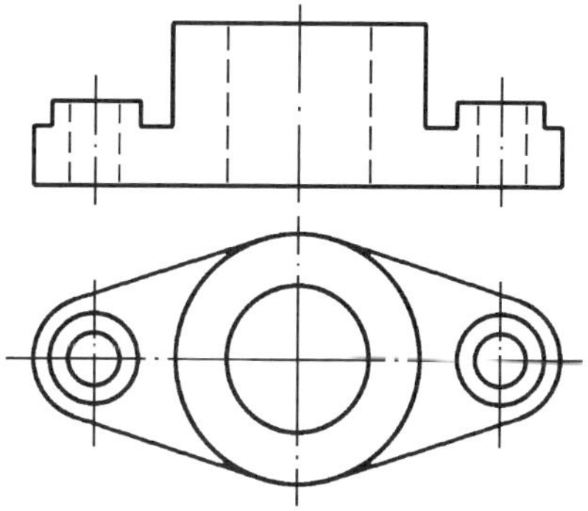

6－2　根据轴测图，画出组合体的三视图(尺寸自图中 1∶1 量取)。

(1)

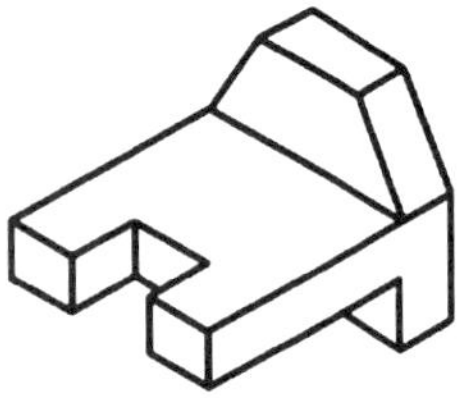

(2)

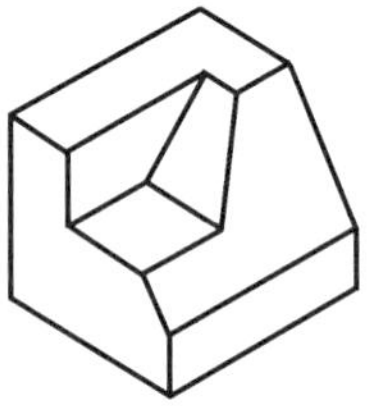

(3)

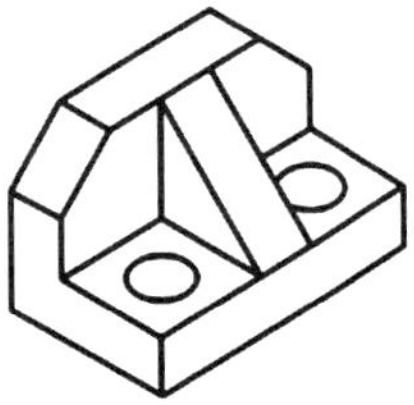

(4)

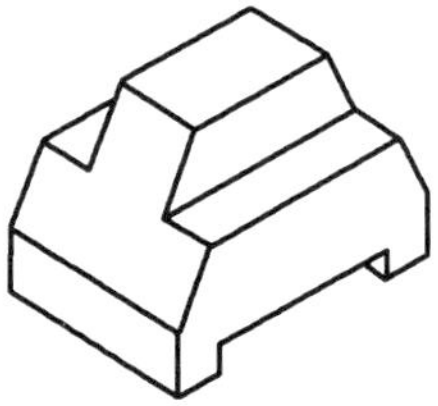

(5)

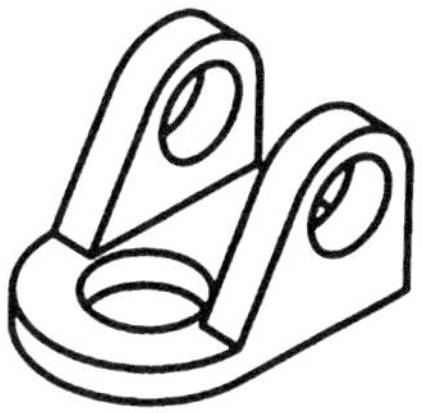

(6)

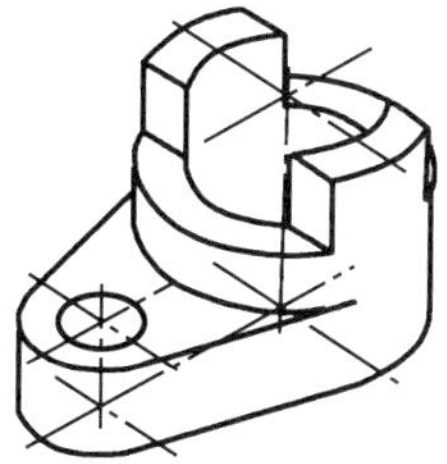

(7)

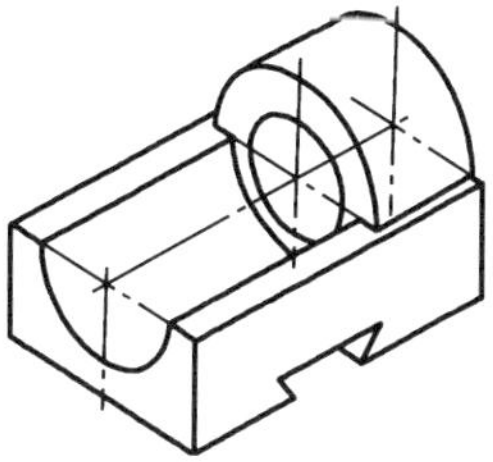

(8)

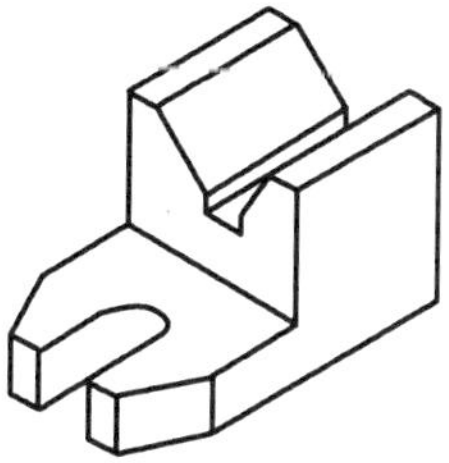

6－3　用 A3 图纸，根据轴测图，画出组合体的三视图。

(1)

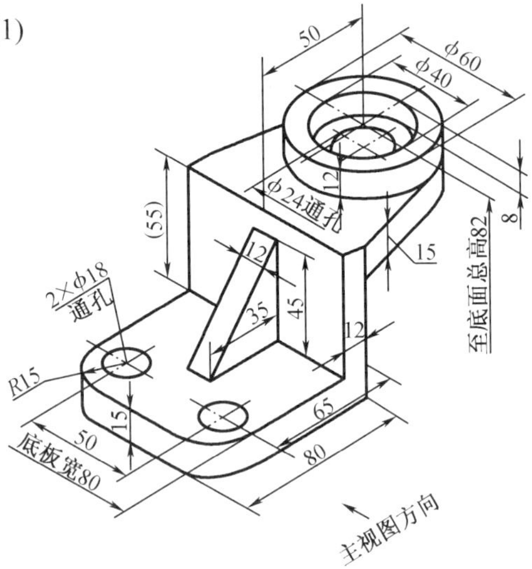

(2)

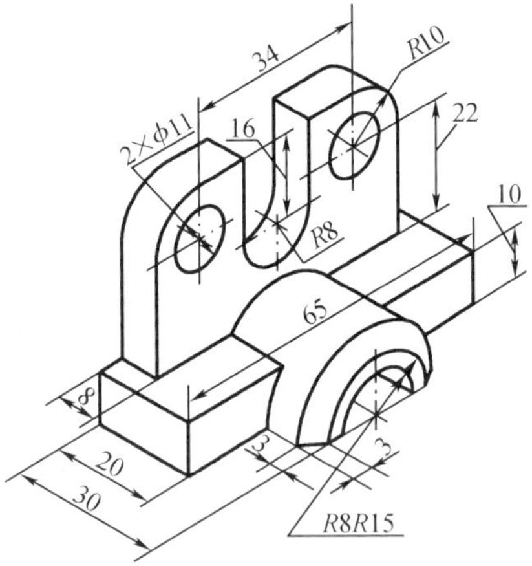

(3)

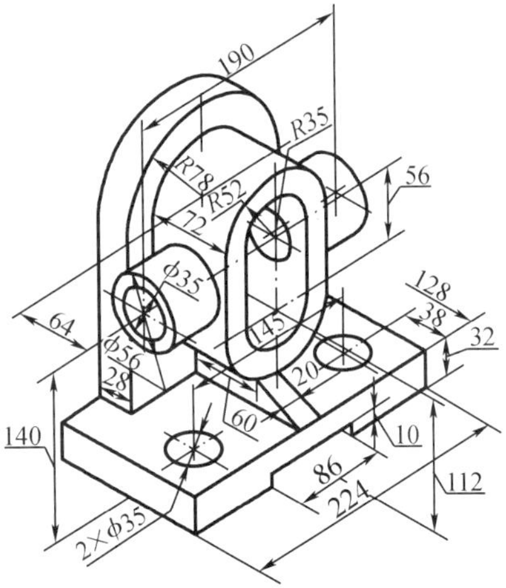

(4)

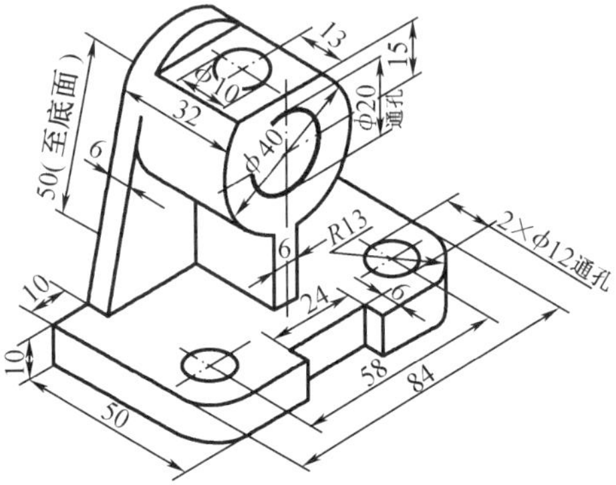

6－4　已知两视图，补画组合体的第三视图。

（1）

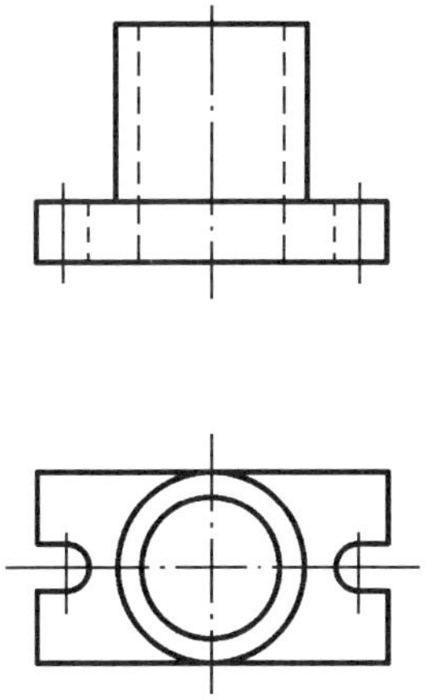

（2）

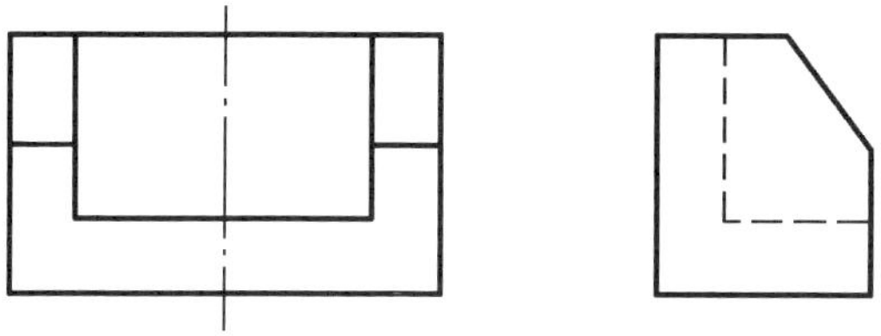

（3）

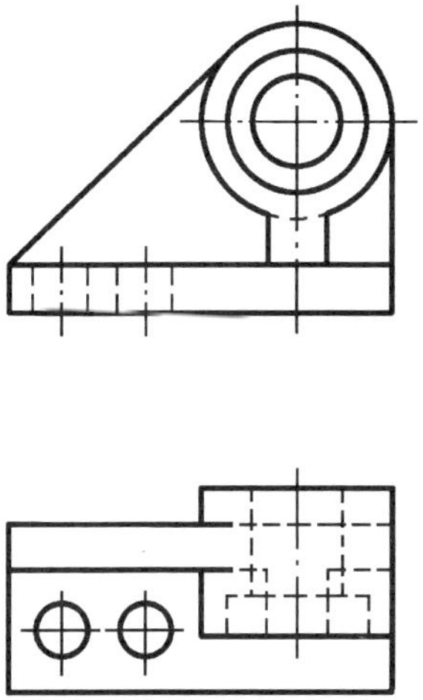

（4）

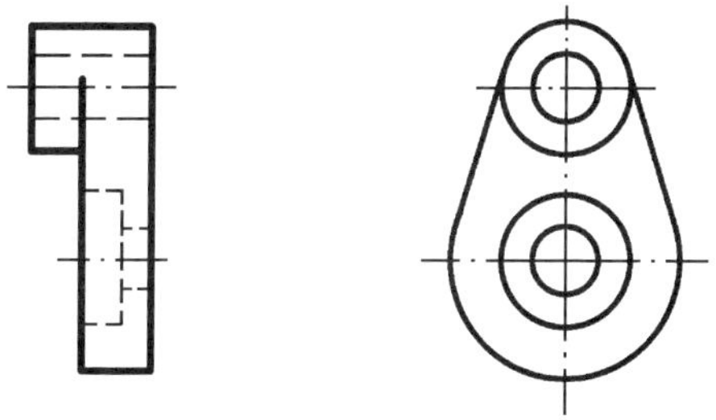

(5)

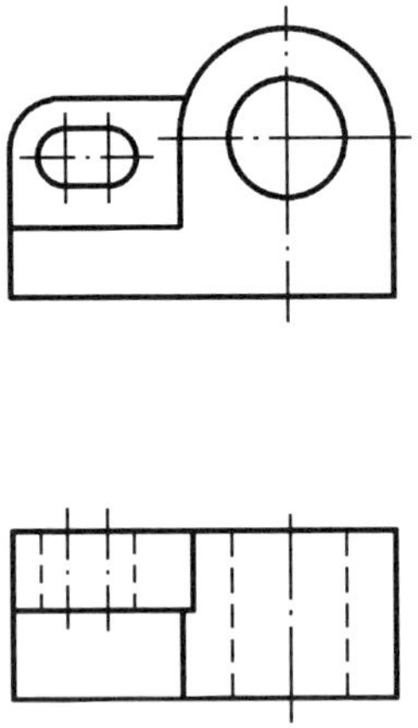

(6)

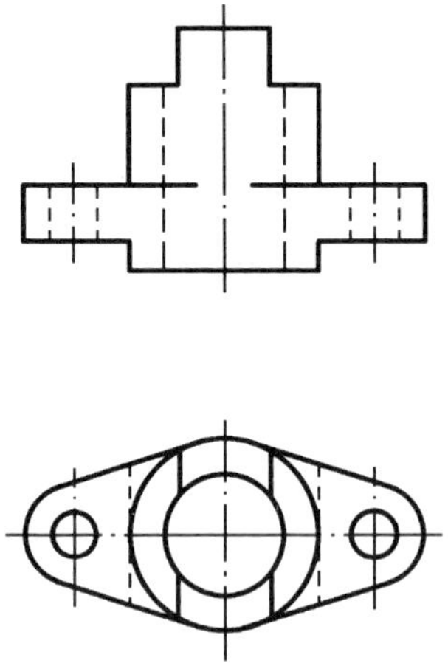

(7)

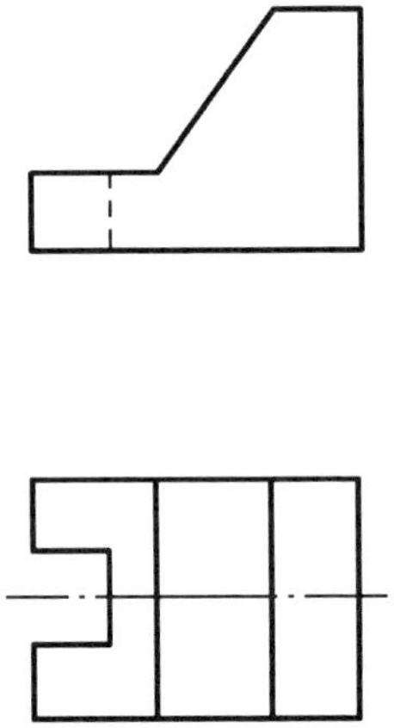

(8)

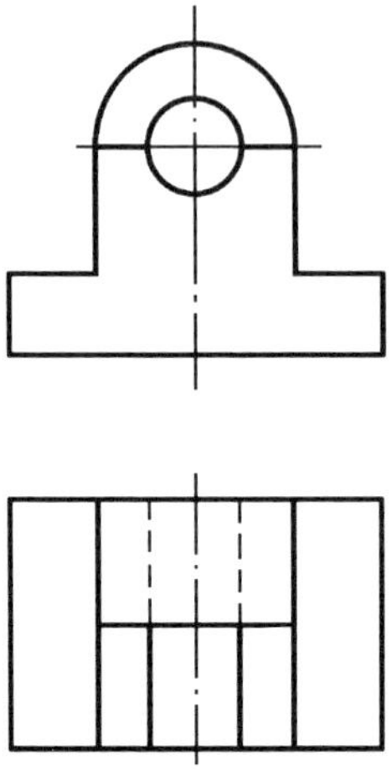

(9)

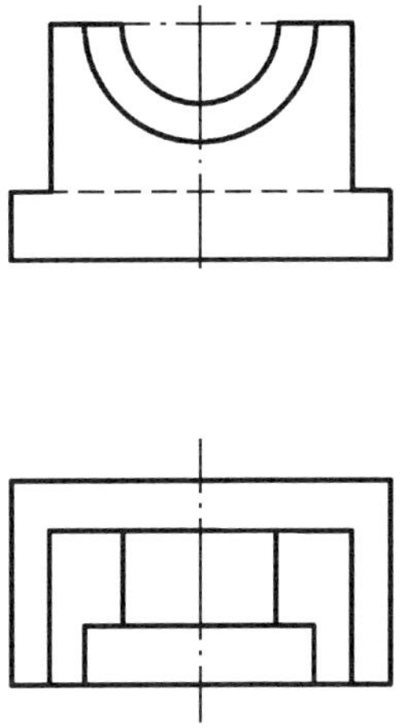

(10)

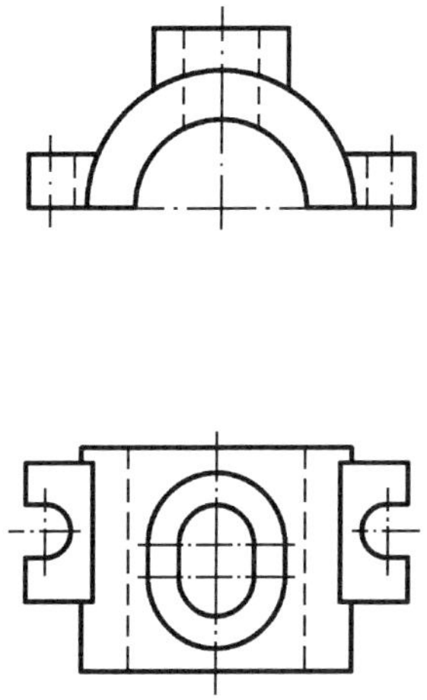

(11)

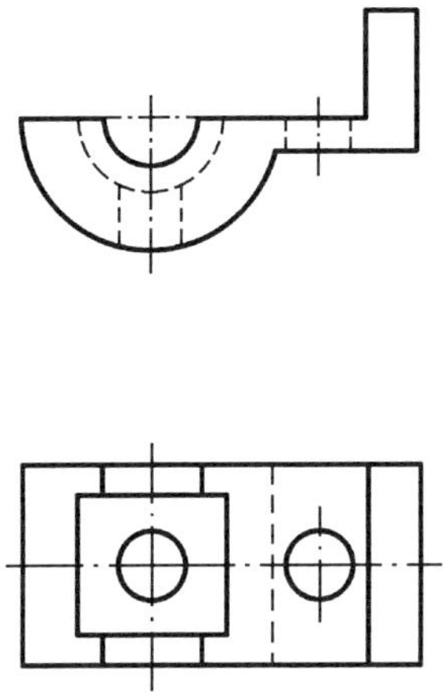

(12)

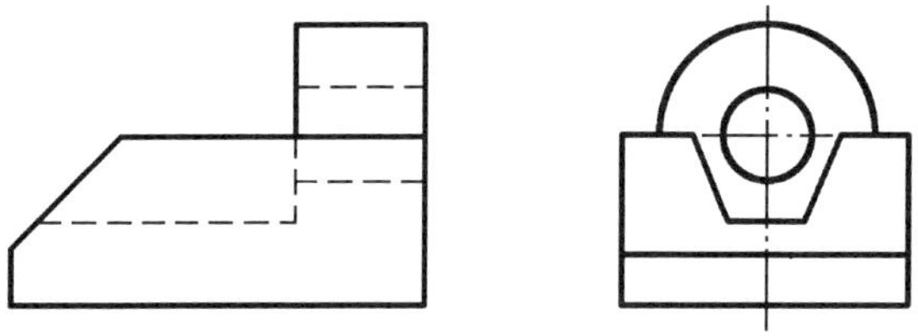

(13)

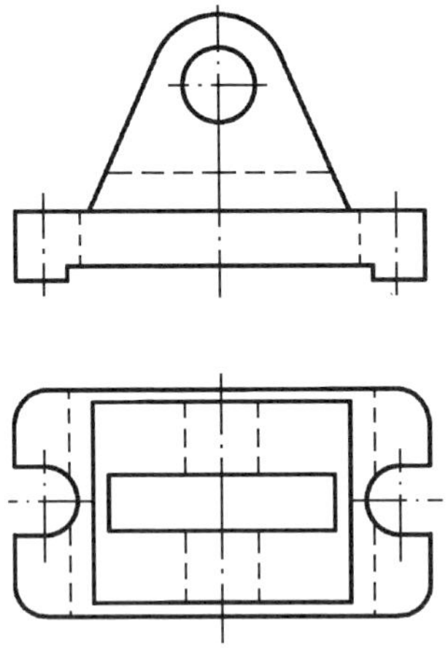

(14)

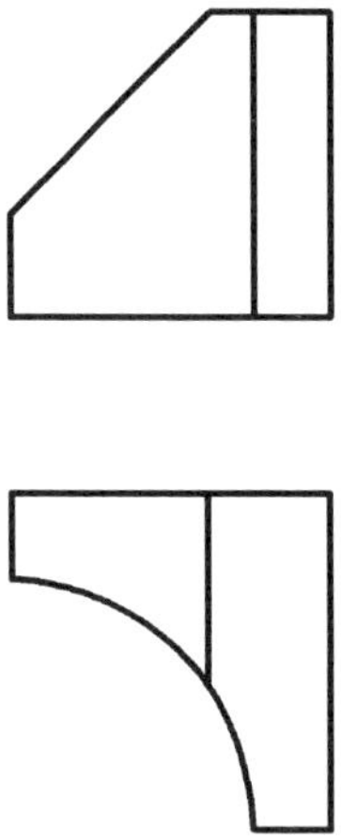

(15)

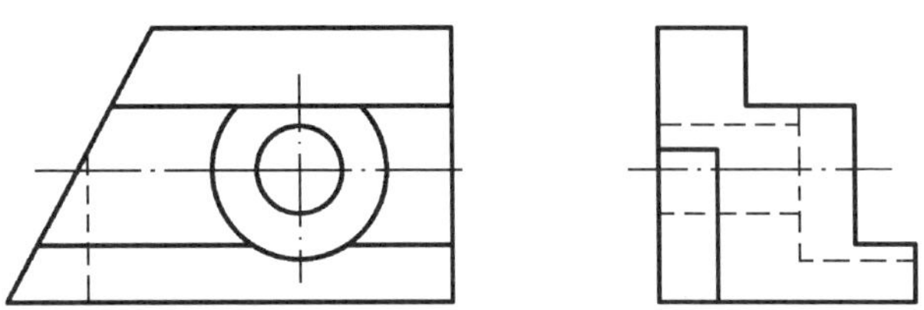

(16)

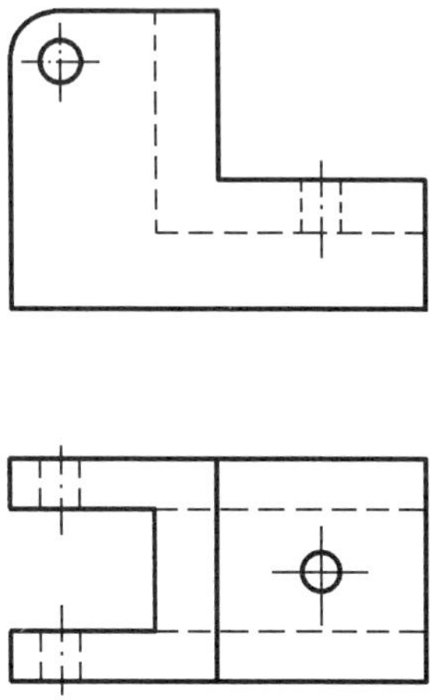

*(17)

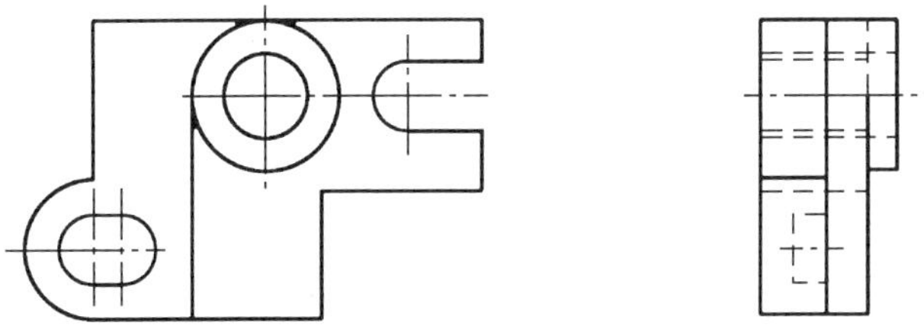

*(18)

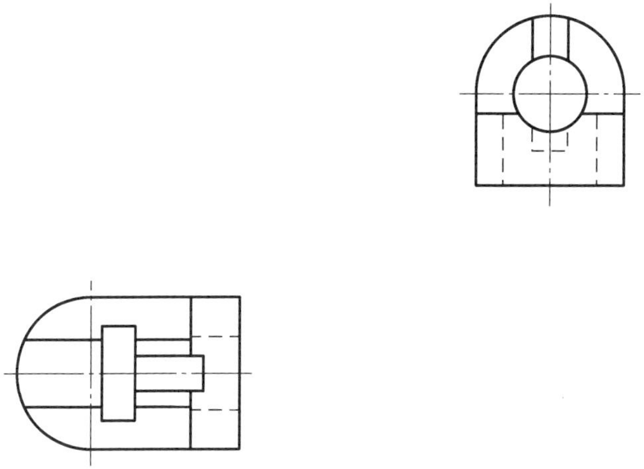

*(19)

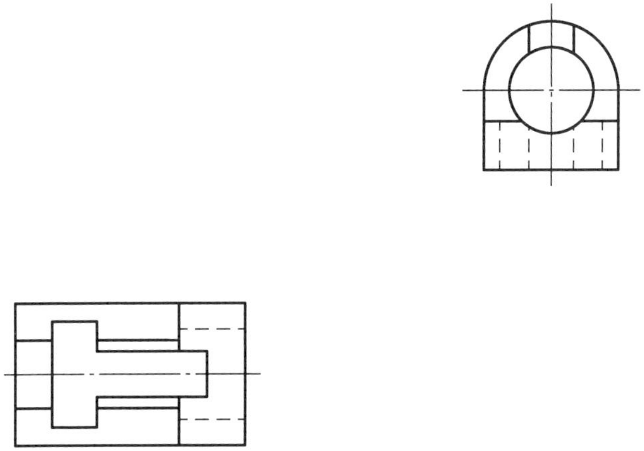

*(20)

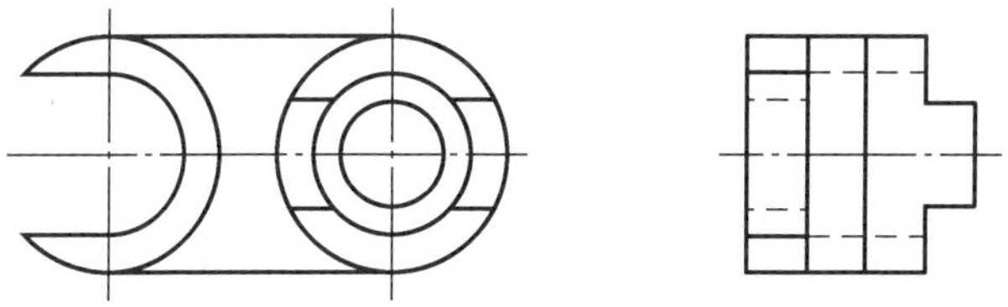

*(21)

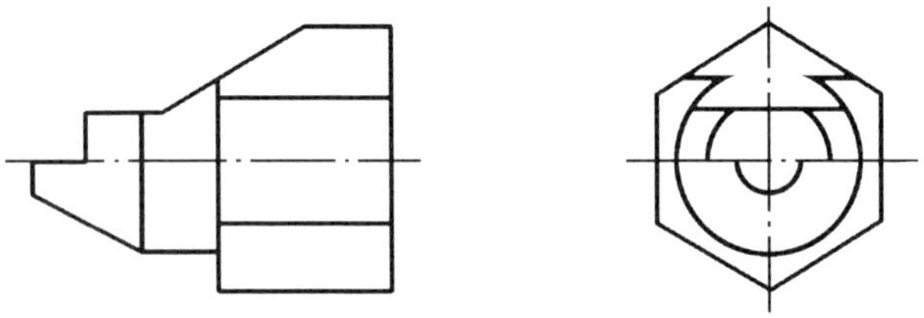

*(22)

6－5　选择正确的第三视图。

(1)已知主、左视图，正确的俯视图是(　　)。

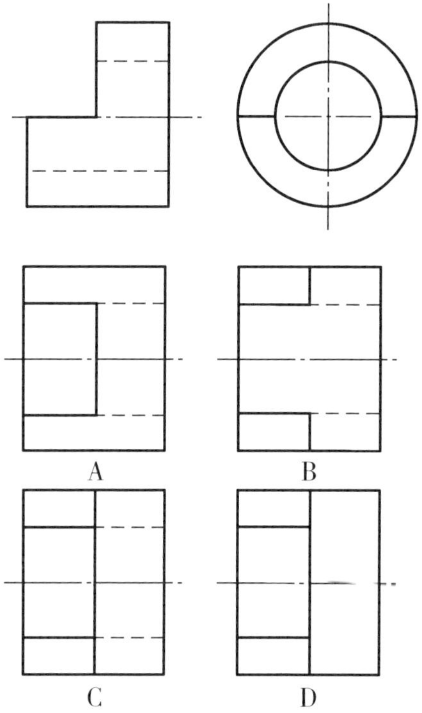

(2)已知主、俯视图，正确的左视图是(　　)。

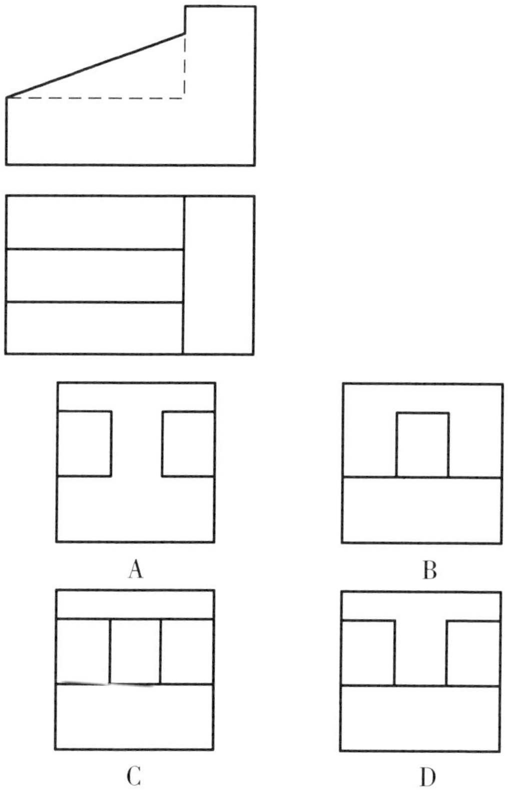

(3)已知主、俯视图,正确的左视图是(　　)。

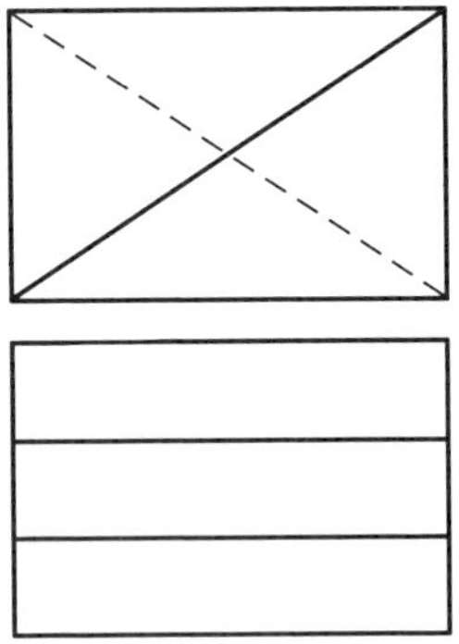

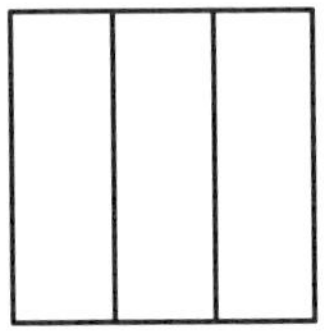

A

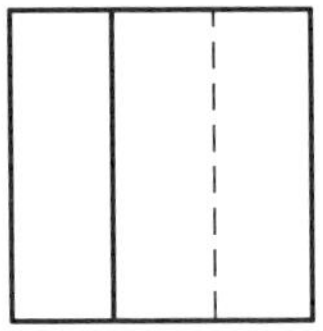

B

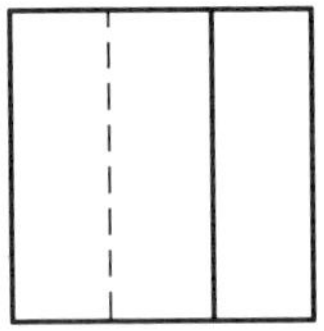

C

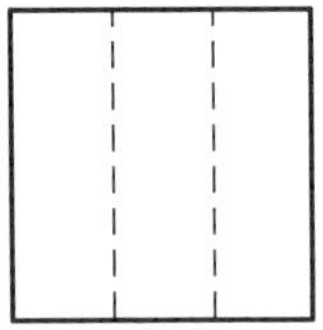

D

(4)已知主、俯视图,正确的左视图是(　　)。

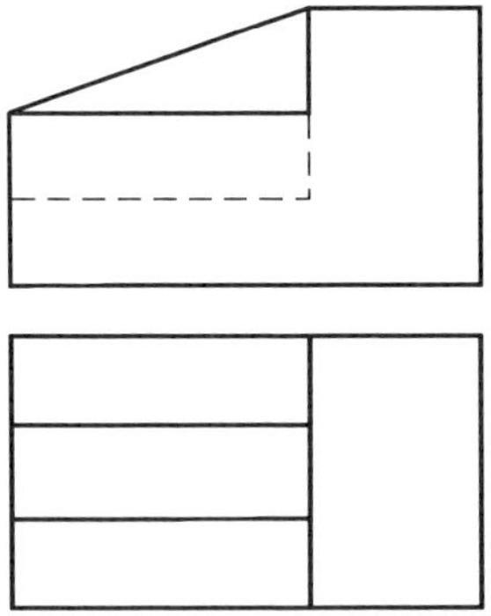

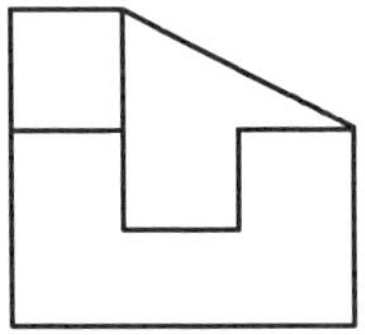

A

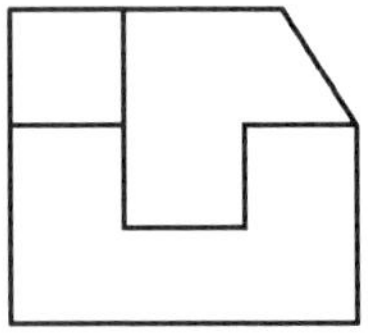

B

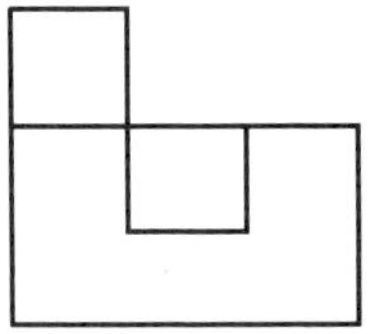

C

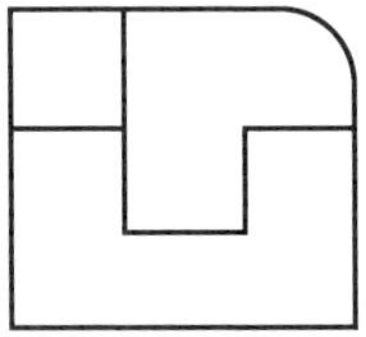

D

(5)已知主、俯视图,正确的左视图是(　　)。

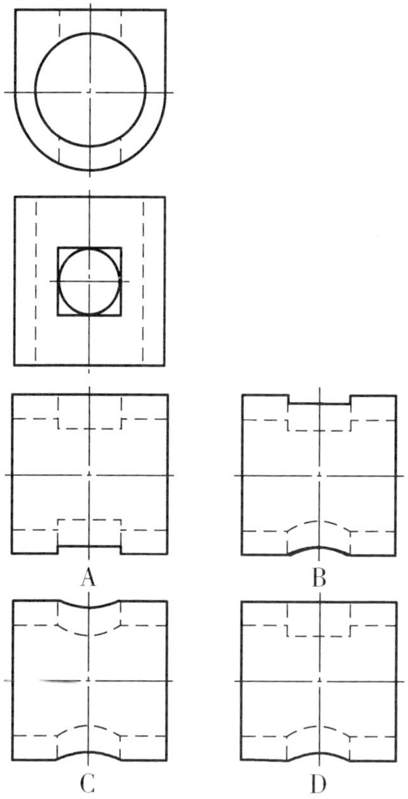

(6)已知主、俯视图,正确的左视图是(　　)。

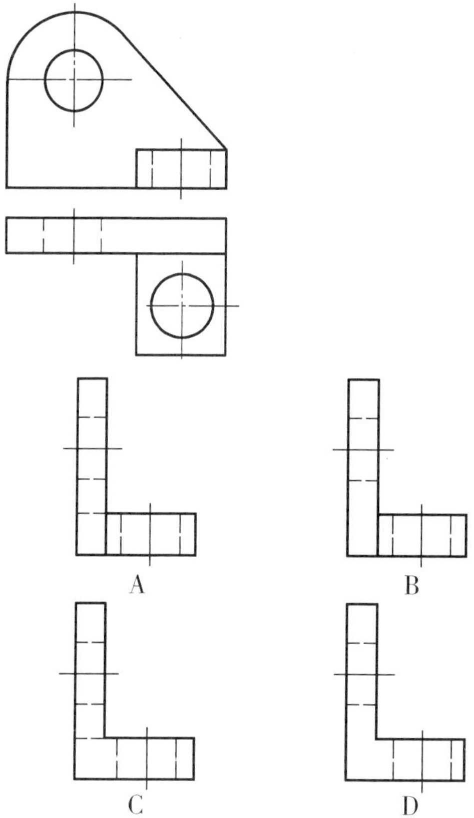

6－6　补画组合体视图中所漏画的图线。

（1）

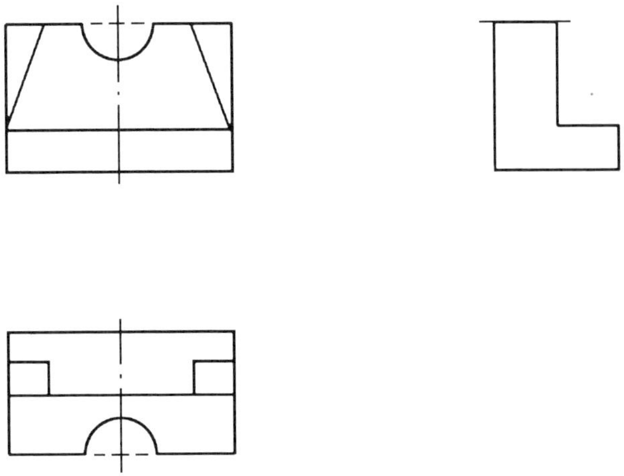

（2）

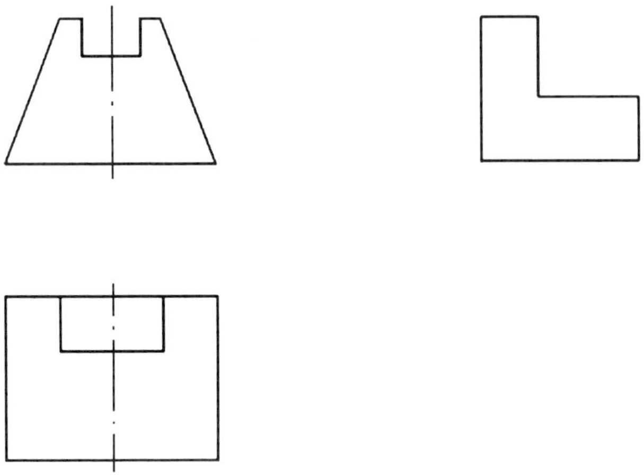

（3）

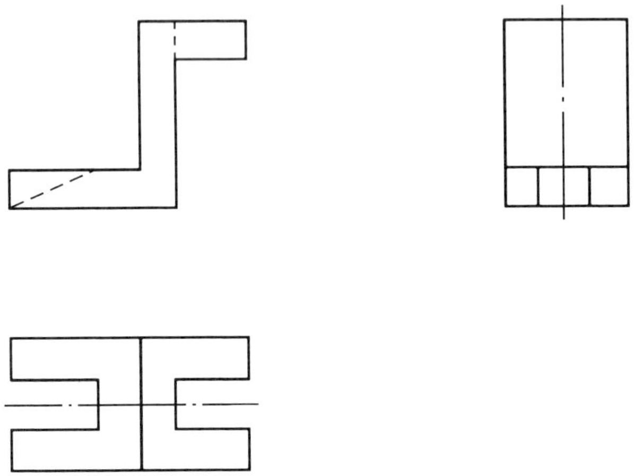

（4）

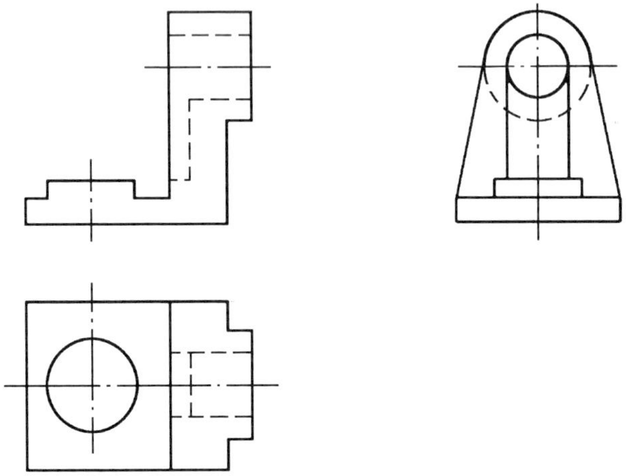

专业班级　　　　姓名　　　　学号　　　　审阅

(5)

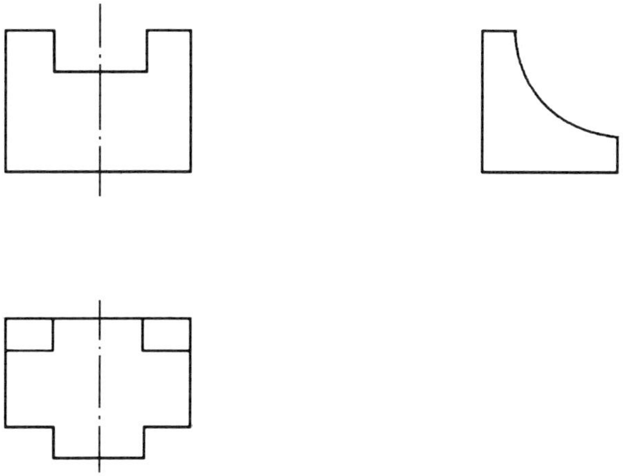

(6)

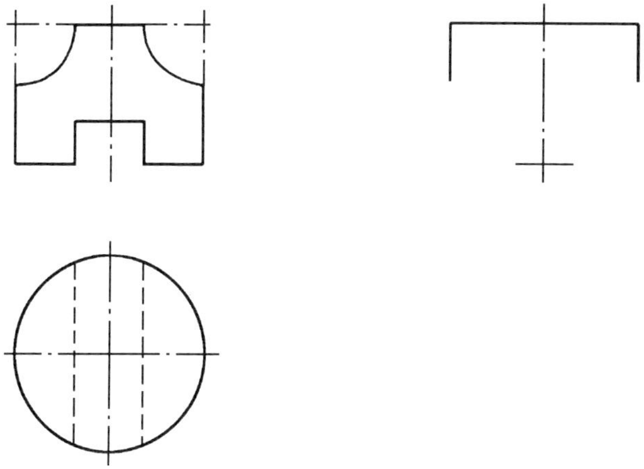

(7)

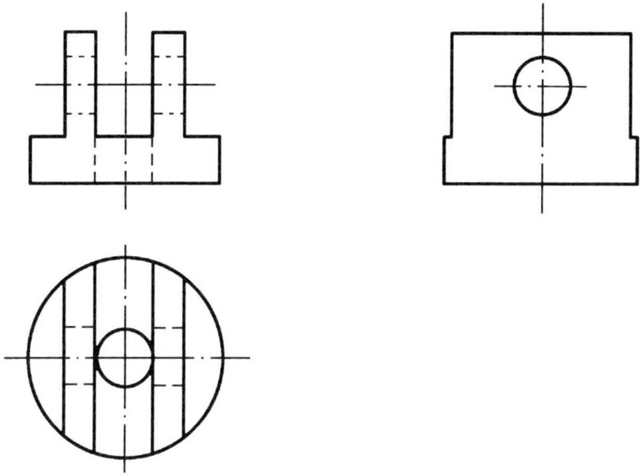

(8)

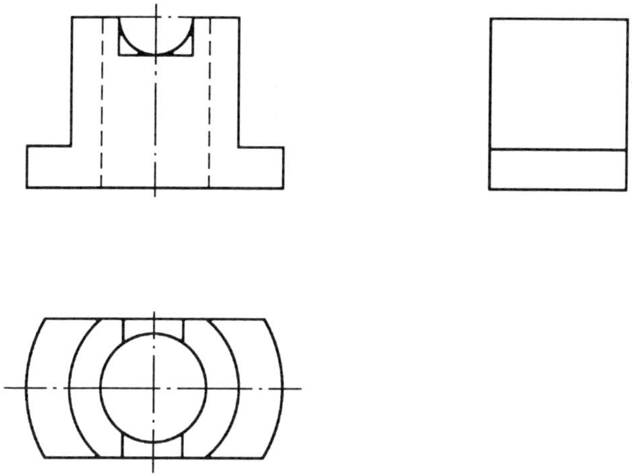

6－7　已知主视图，构思两个不同的形体，并补画另两视图。

(1)

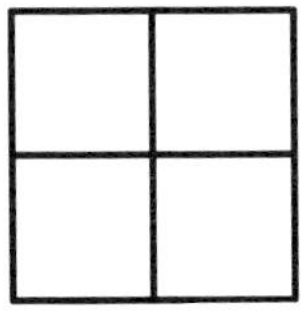

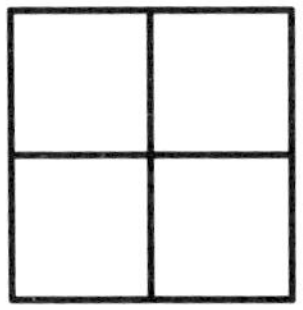

(2)

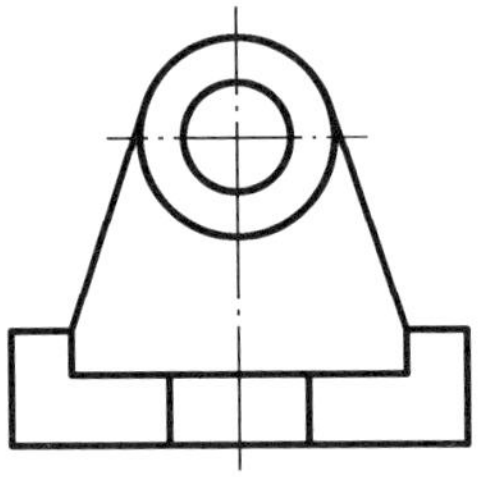

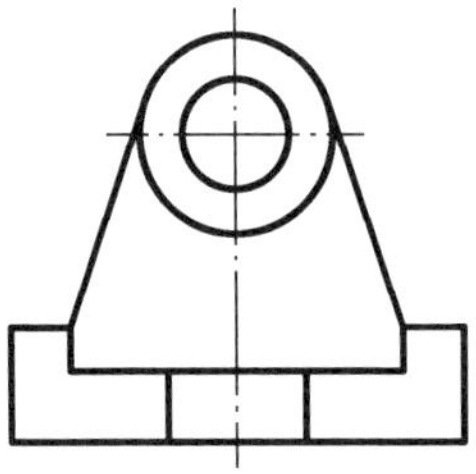

6-8　合理标注组合体的尺寸(从图中1:1量取)。

(1)

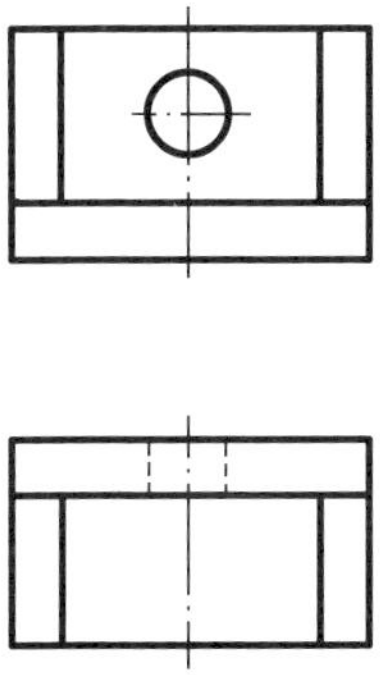

(2)

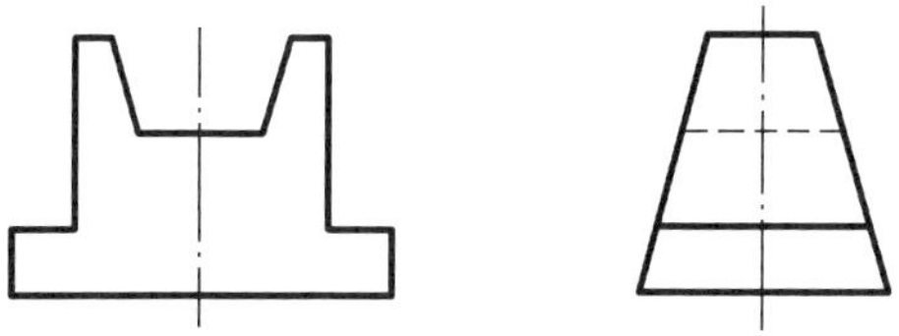

(3)

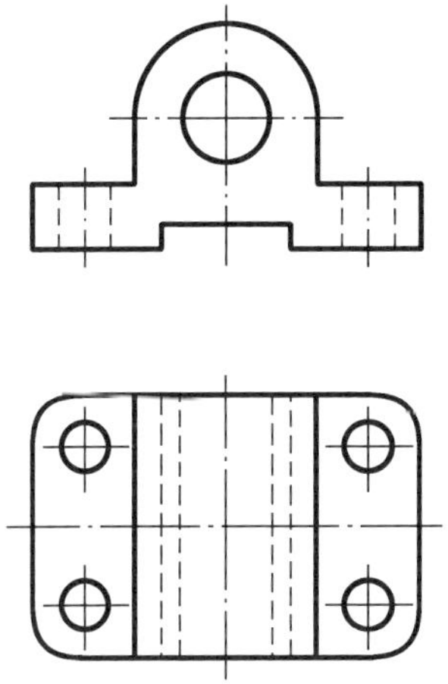

(4)

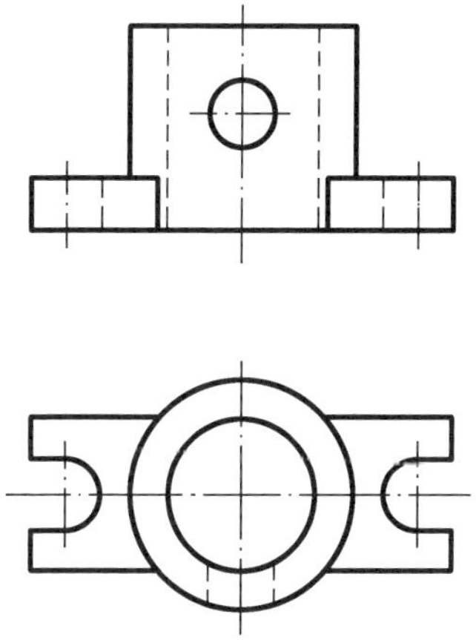

(5)

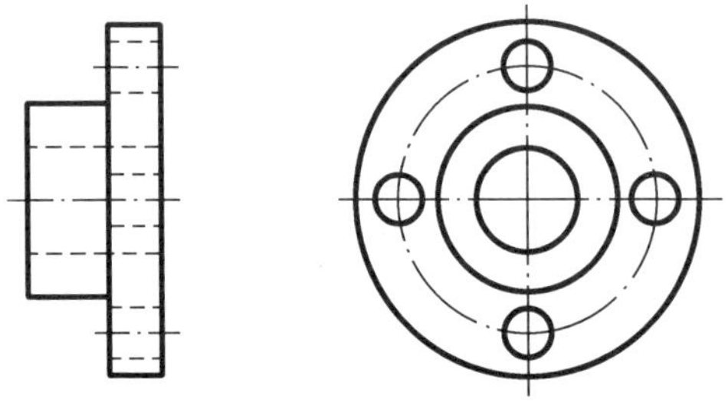

(6)

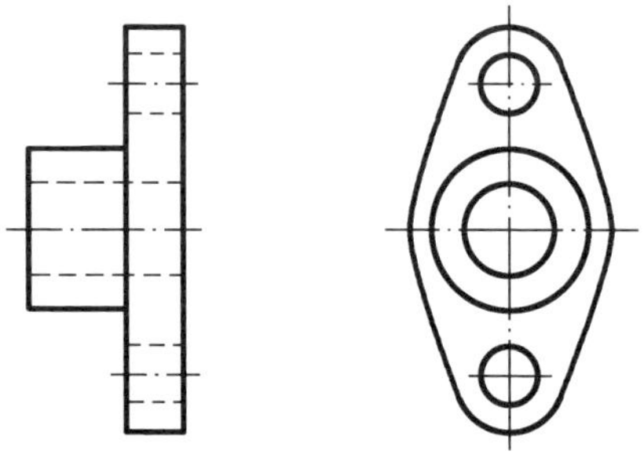

(7)

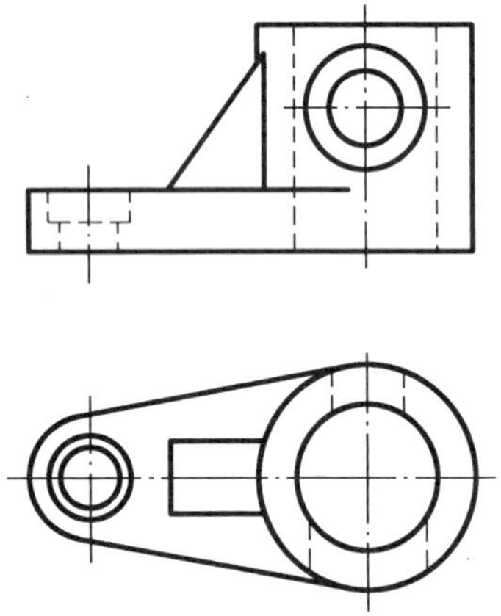

(8)

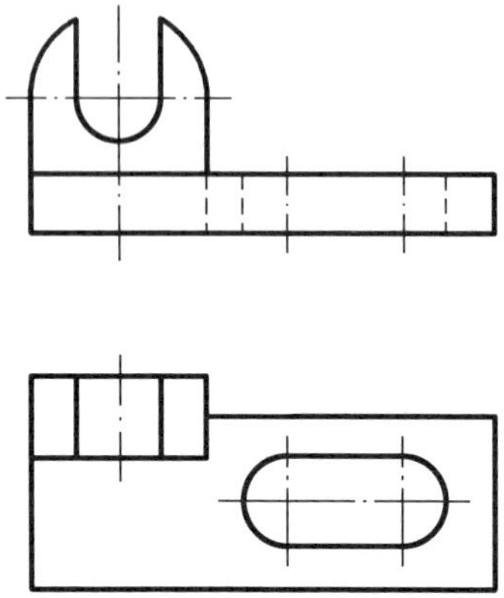

6－9　尺寸标注改错,数值按 1∶1 量取并取整。

(1)

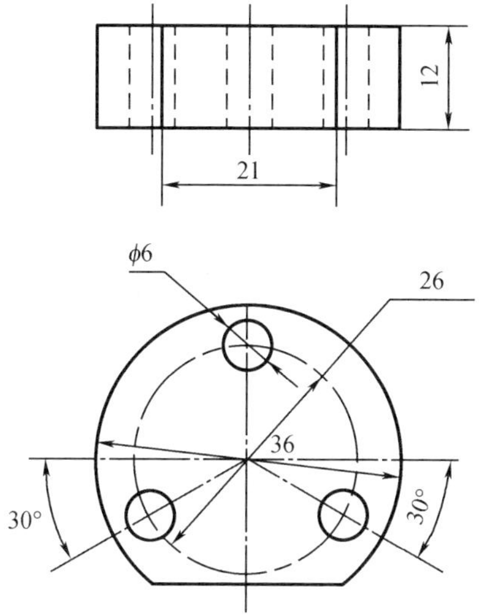

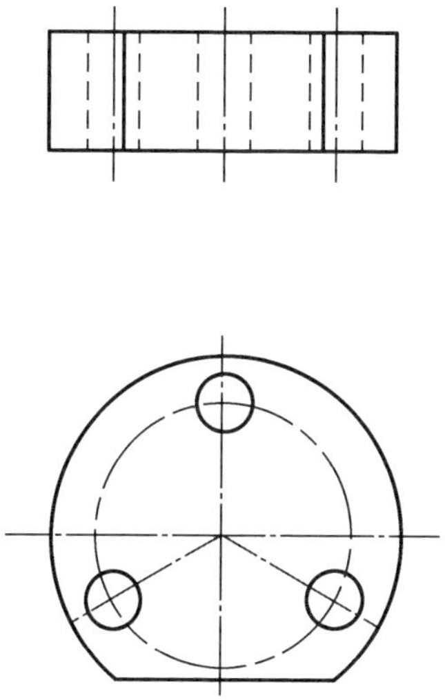

(2)

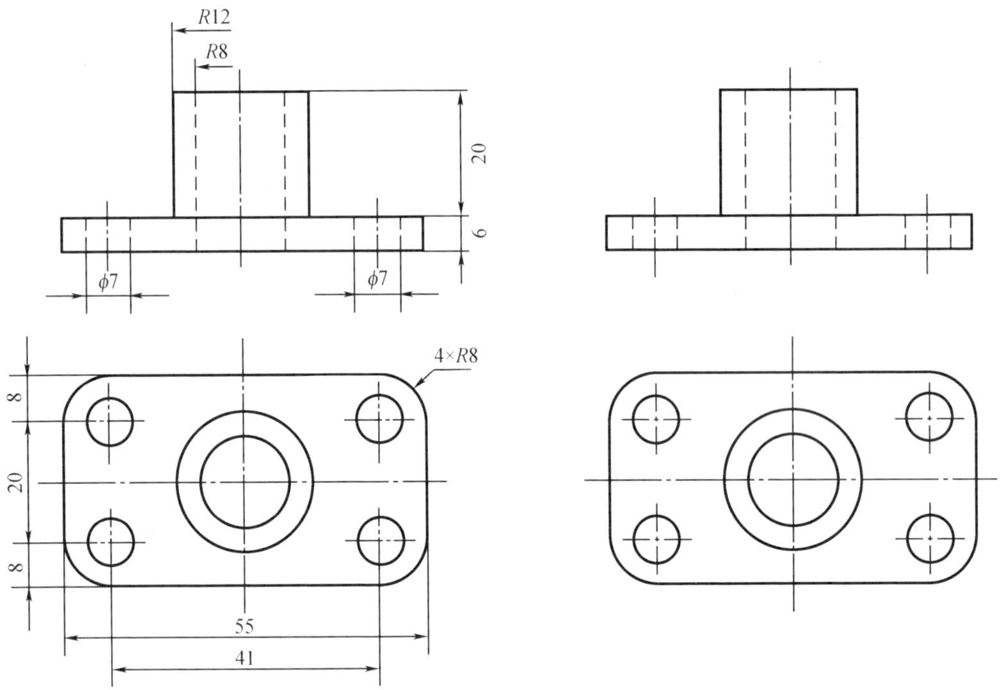

6－10 用 A3 图纸，补画组合体的第三视图，并进行合理的尺寸标注。

（1）

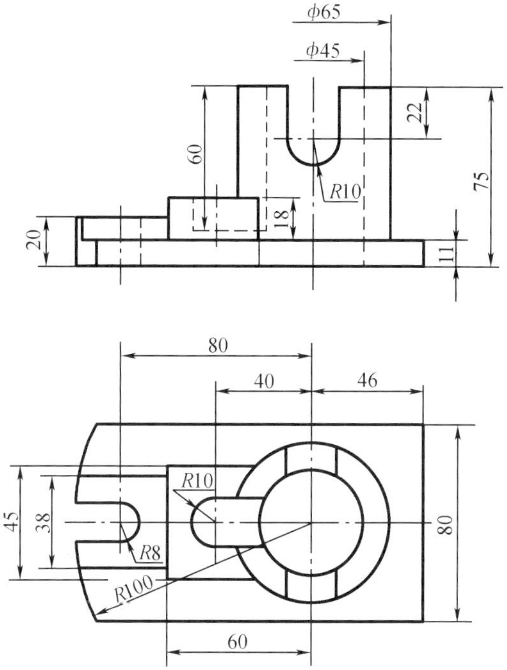

（2）

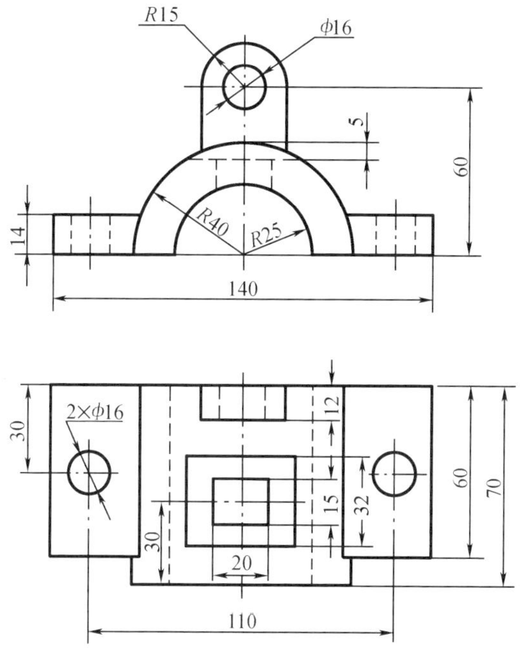

7　轴测图

7－1　画出立体的正等轴测图。

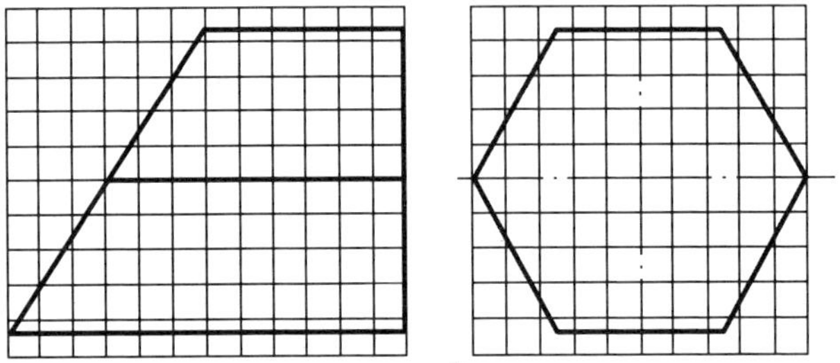

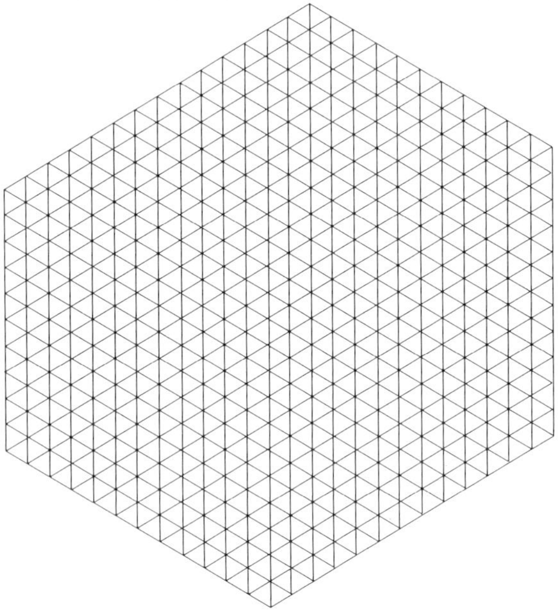

7－2　画出立体的正等轴测图。

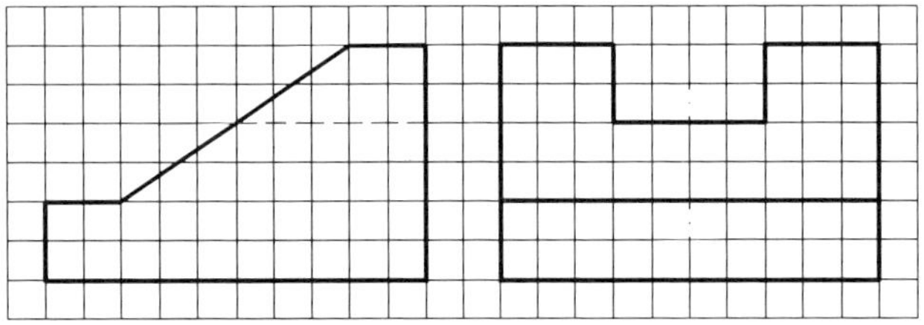

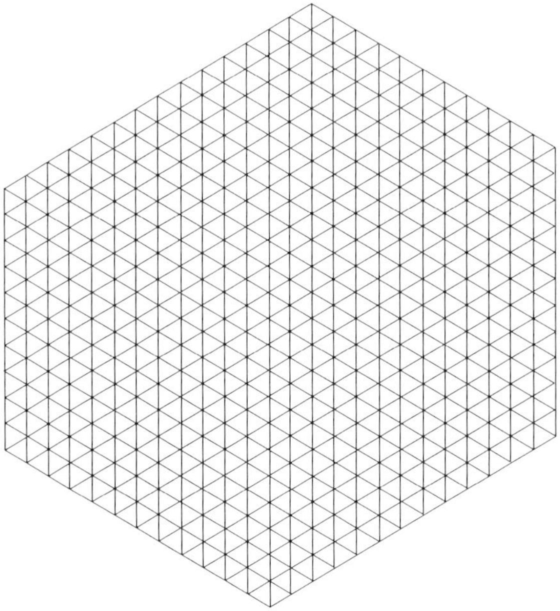

7－3　画出立体的正等轴测图。

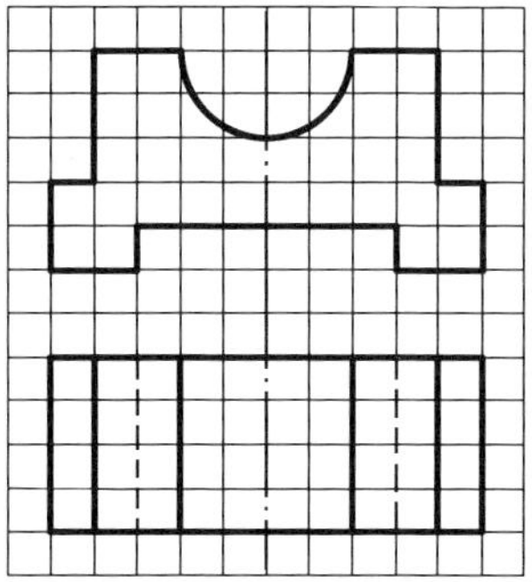

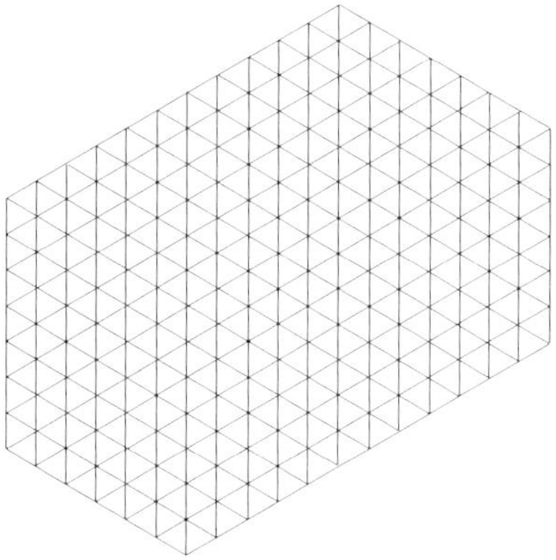

7－4　画出立体的正等轴测图。

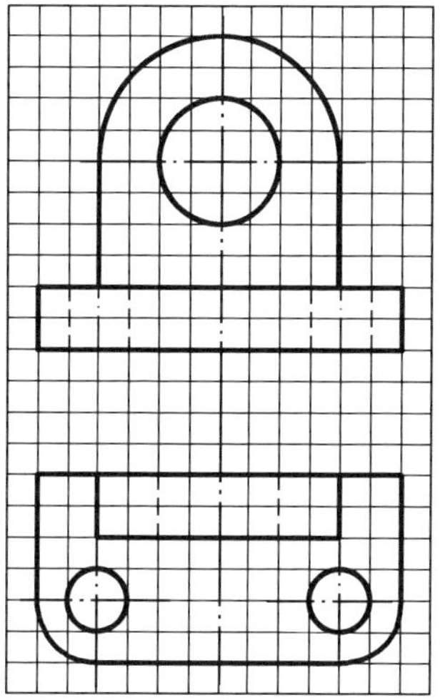

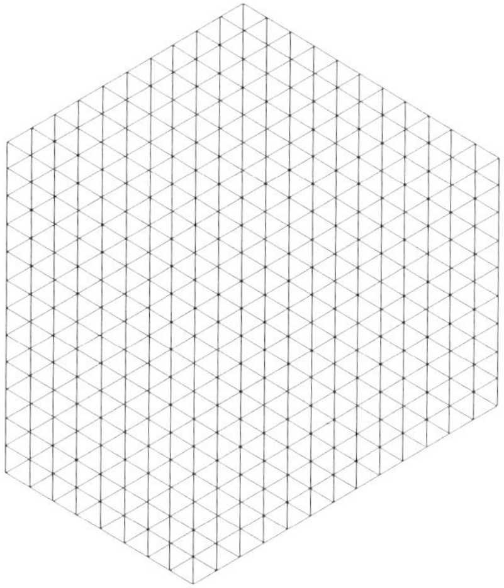

7－5　画出立体的正等轴测图。

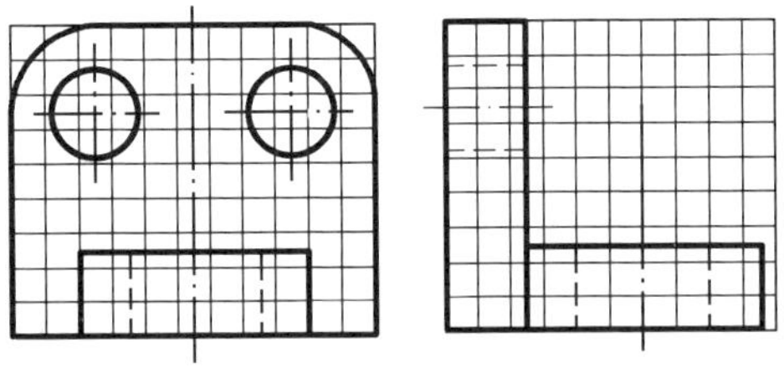

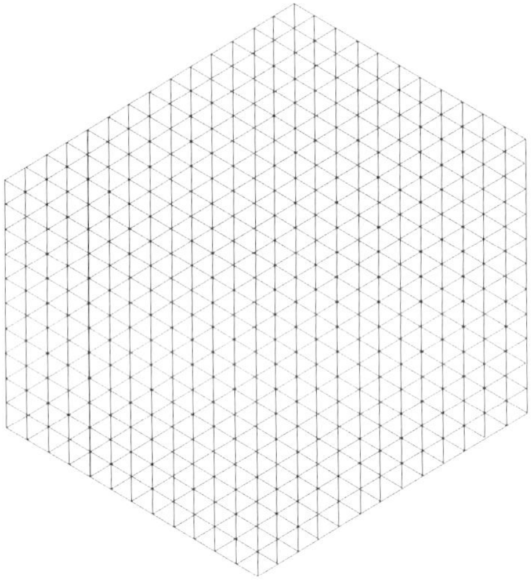

7－6　画出立体的斜二轴测图。

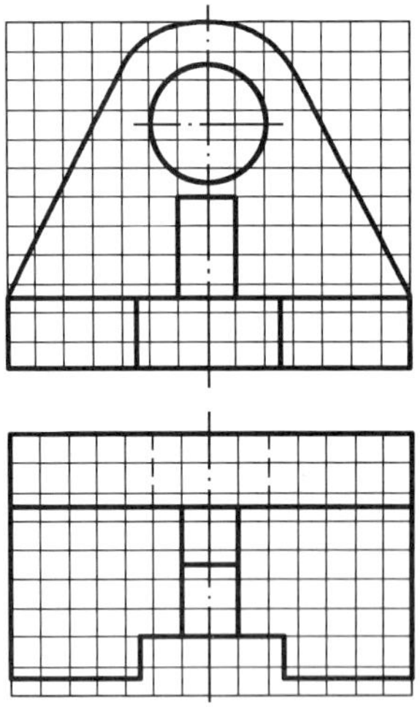

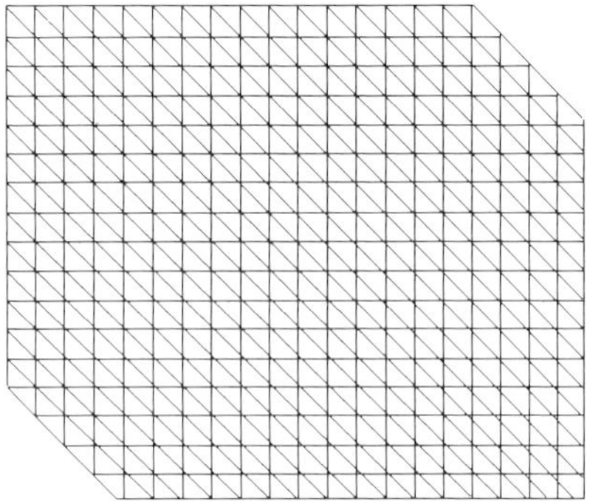

7－7　画出立体的斜二轴测图。

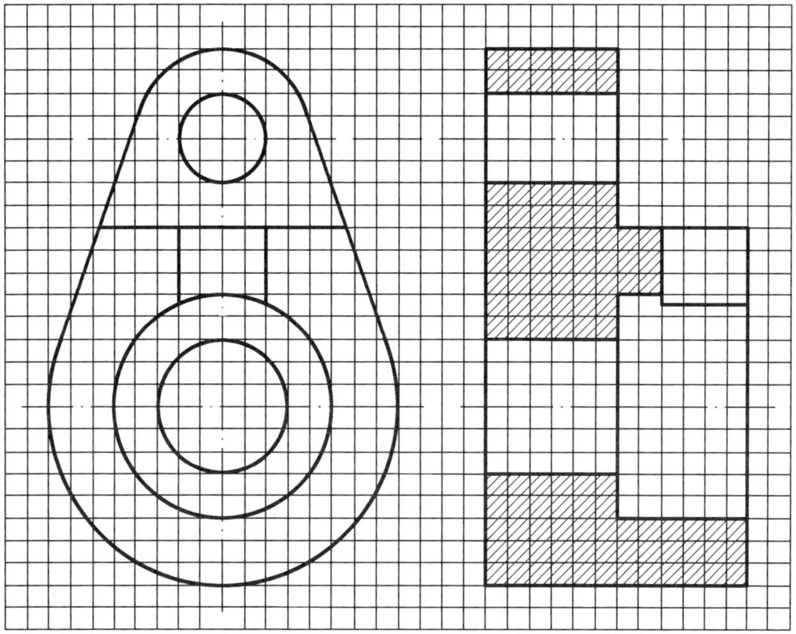

7 -8　徒手画出立体的正等轴测图和斜二轴测图。

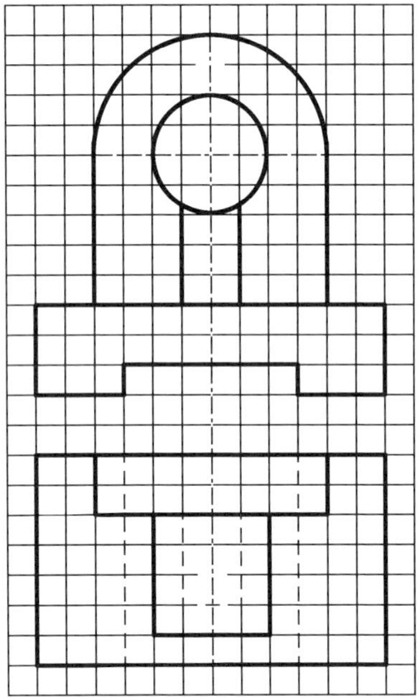

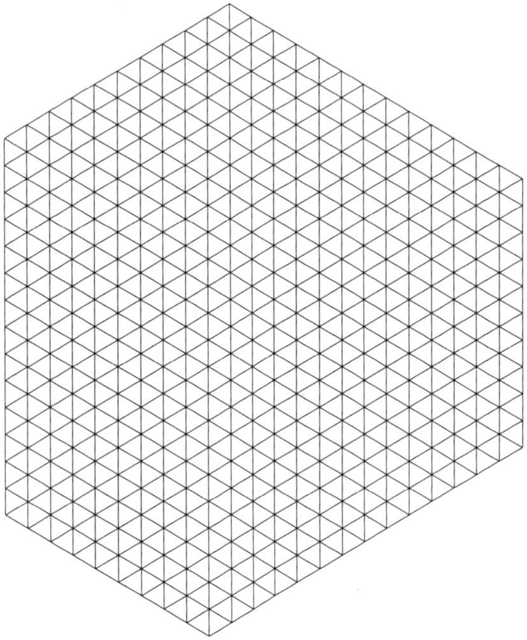

专业班级　　　　姓名　　　　学号　　　　审阅

8 机件图样的表达方法

8－1 补全形体的基本视图。

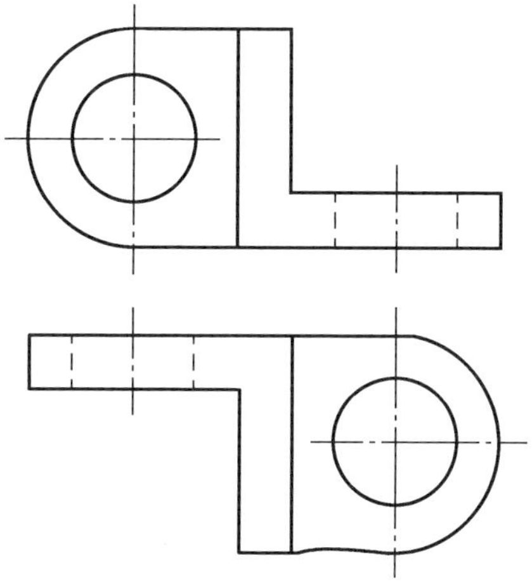

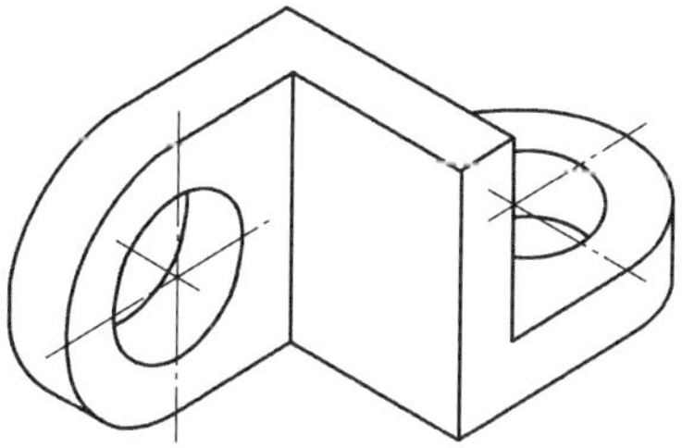

8 –2　画出机件的 *A* 向斜视图和 *B* 向局部视图。

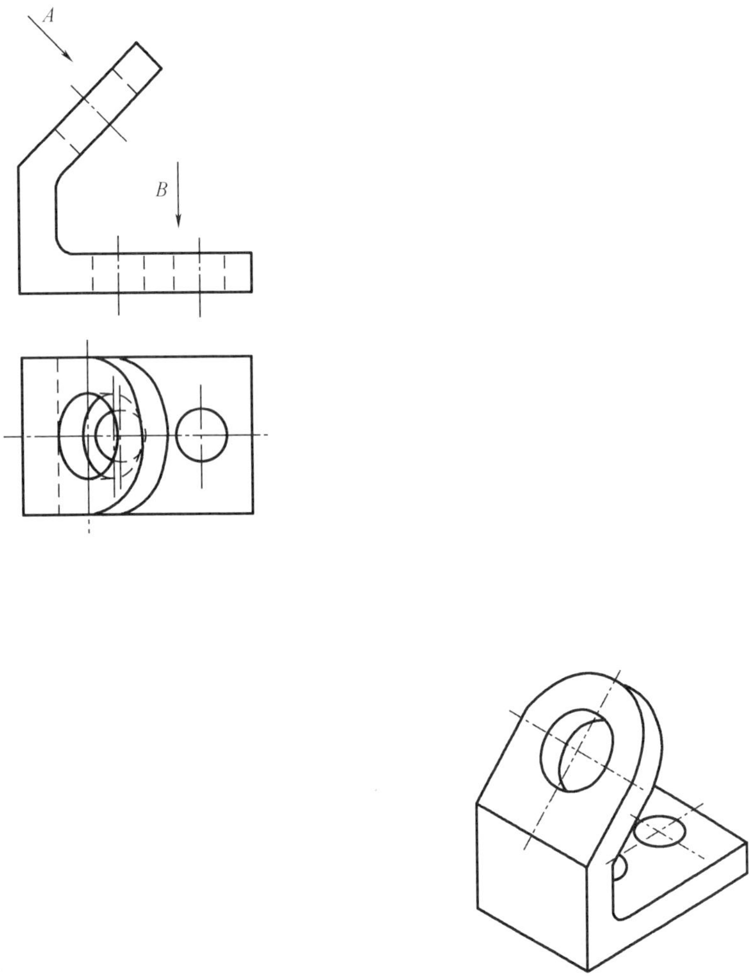

8 –3　画出机件的 *A* 向局部视图。

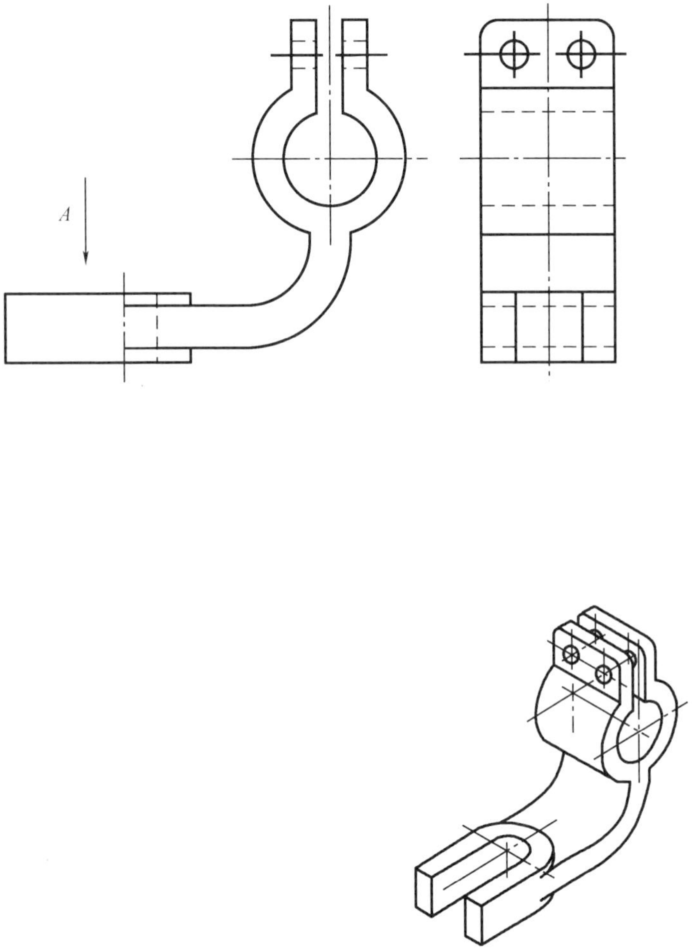

8 -4 补画剖视图中漏掉的图线。

(1)

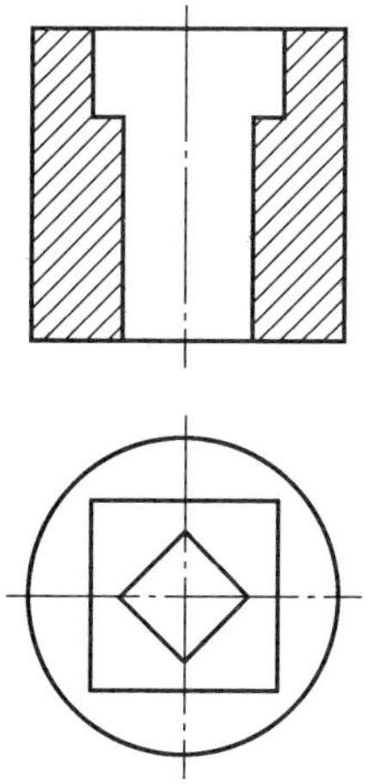

(2)

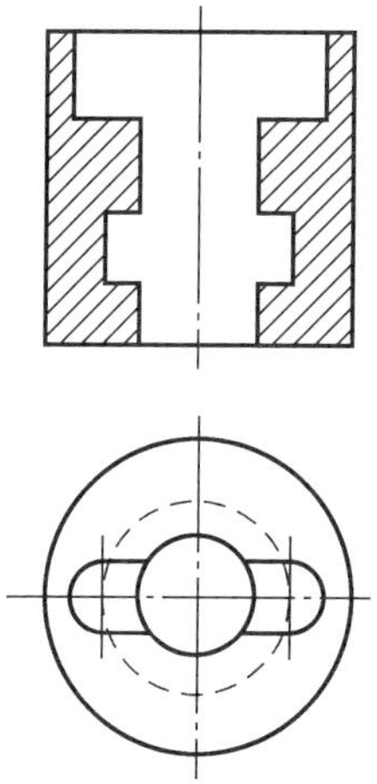

(3)

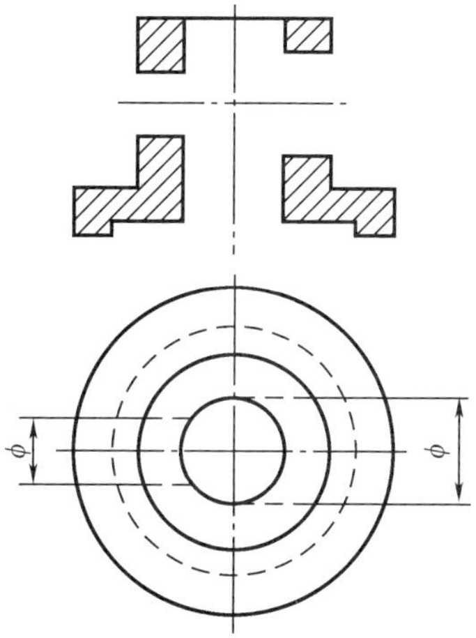

(4)

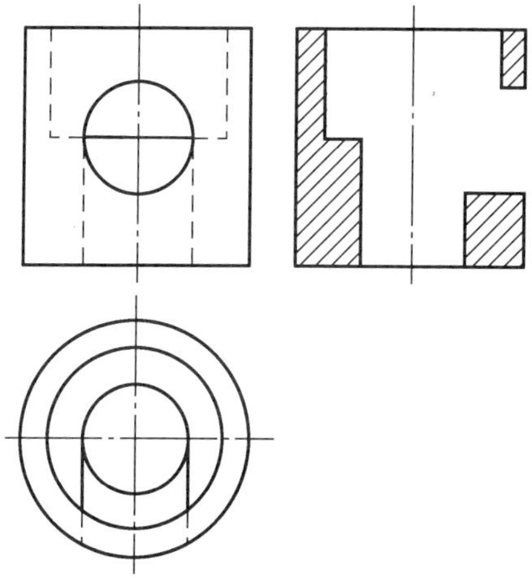

(5)

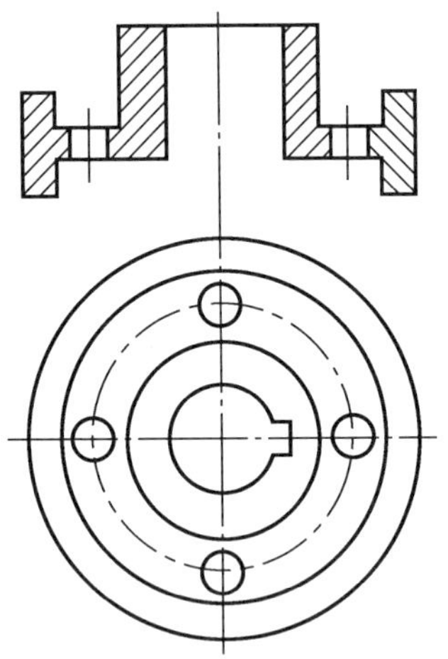

(6)

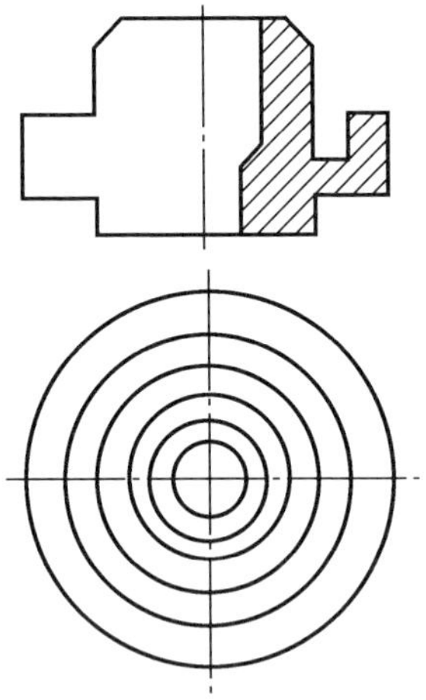

(7)

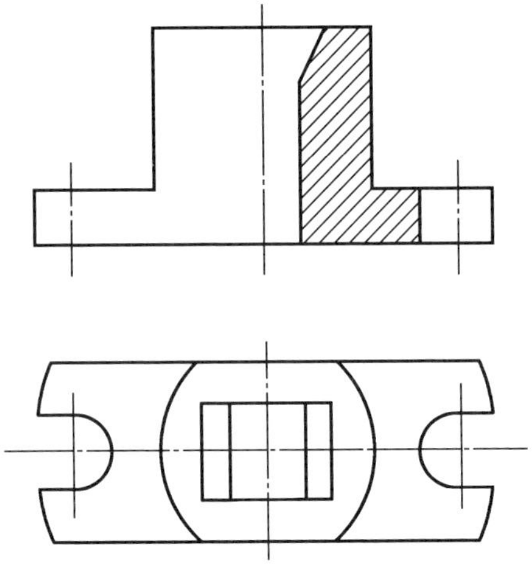

(8)

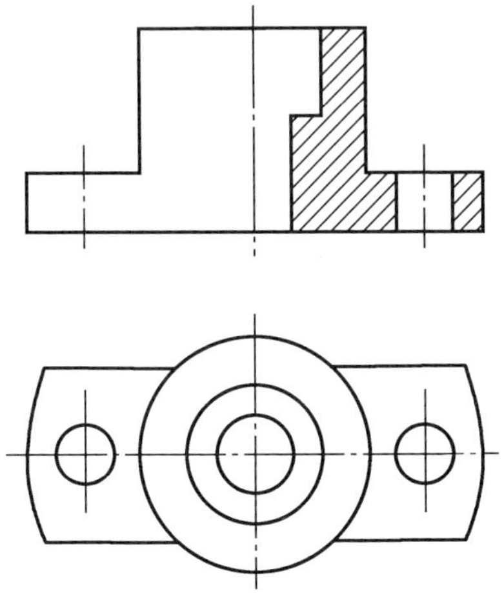

8 -5　根据已知视图，在指定位置画出 *A—A* 全剖视图。

(1)

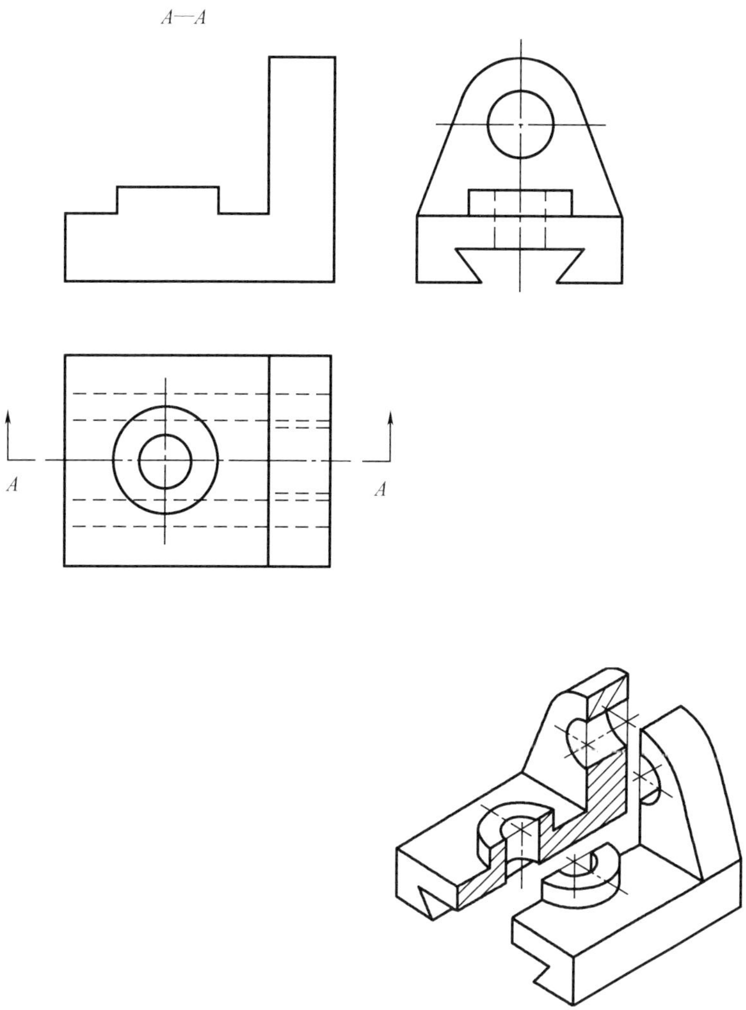

(2)

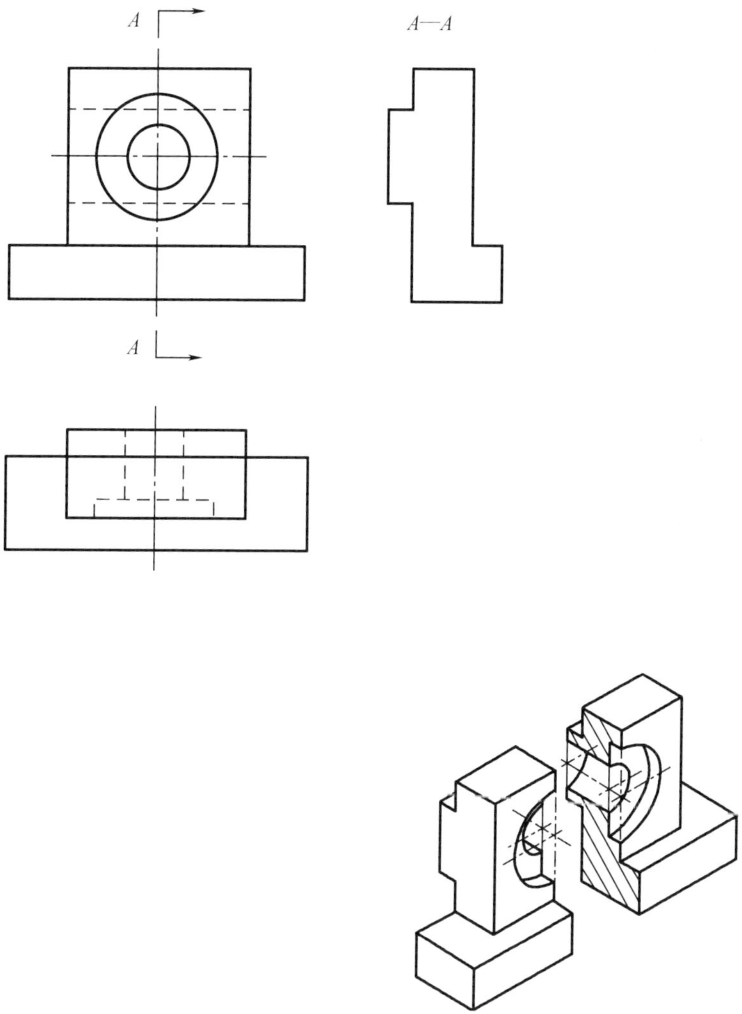

8－6　在指定位置将主视图改画为半剖视图。

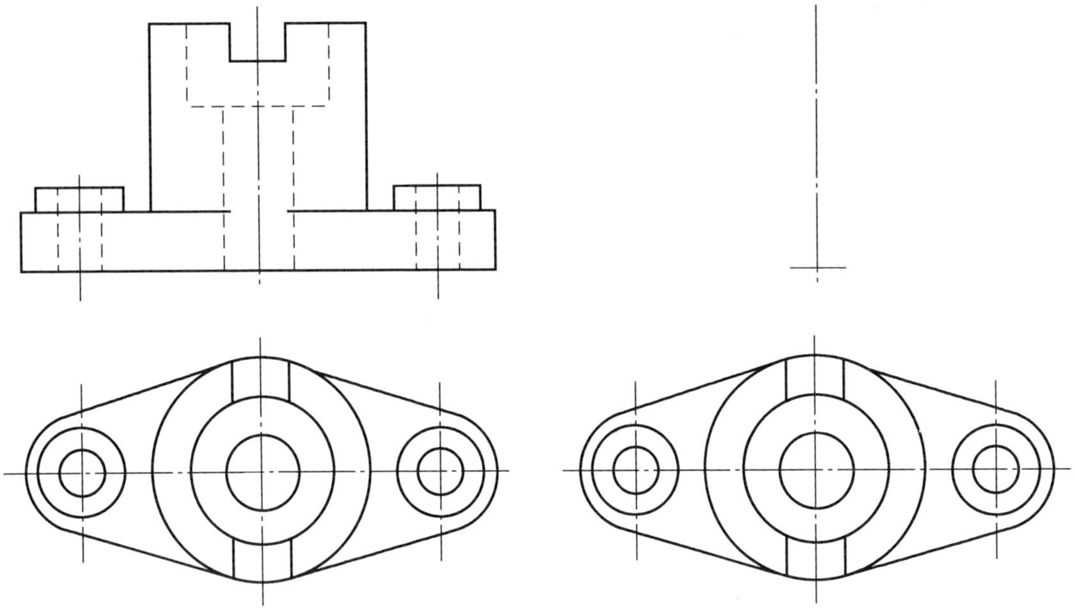

8－7　在指定位置将主、俯视图都改画为半剖视图。

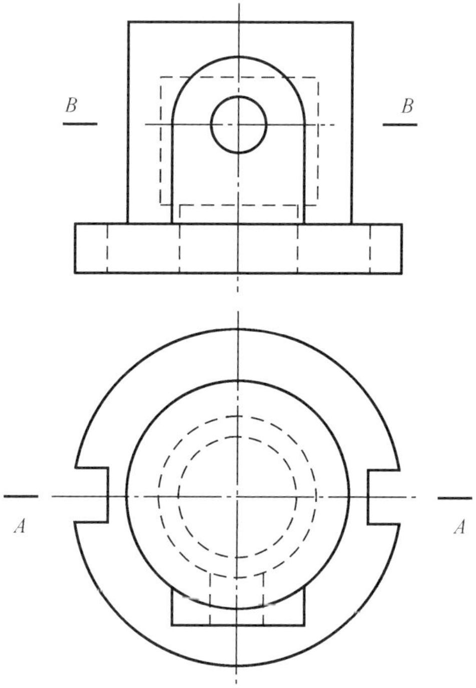

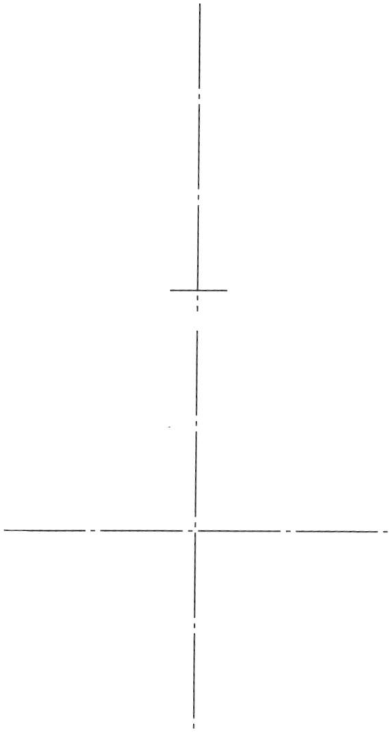

8－8　按波浪线所指定的区域将内部结构改画成局部剖视图。

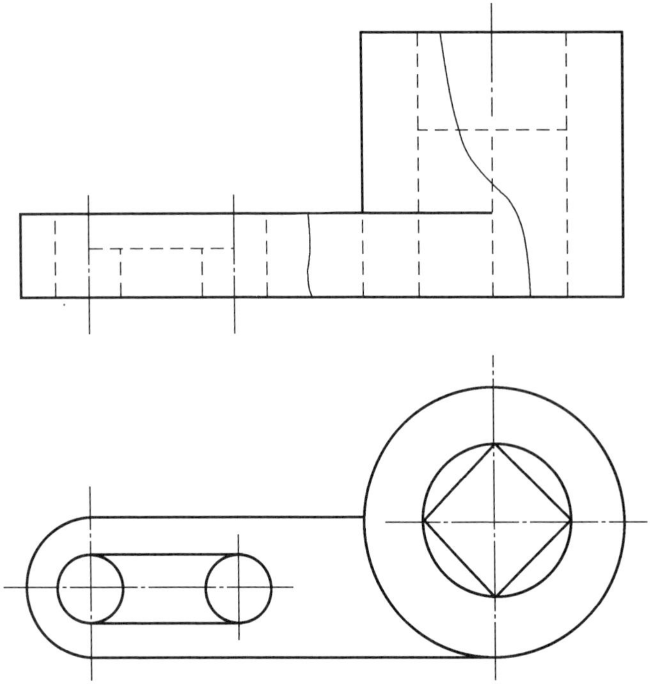

8-9　改正波浪线和剖面线的错误,在指定位置补全局部剖视图。

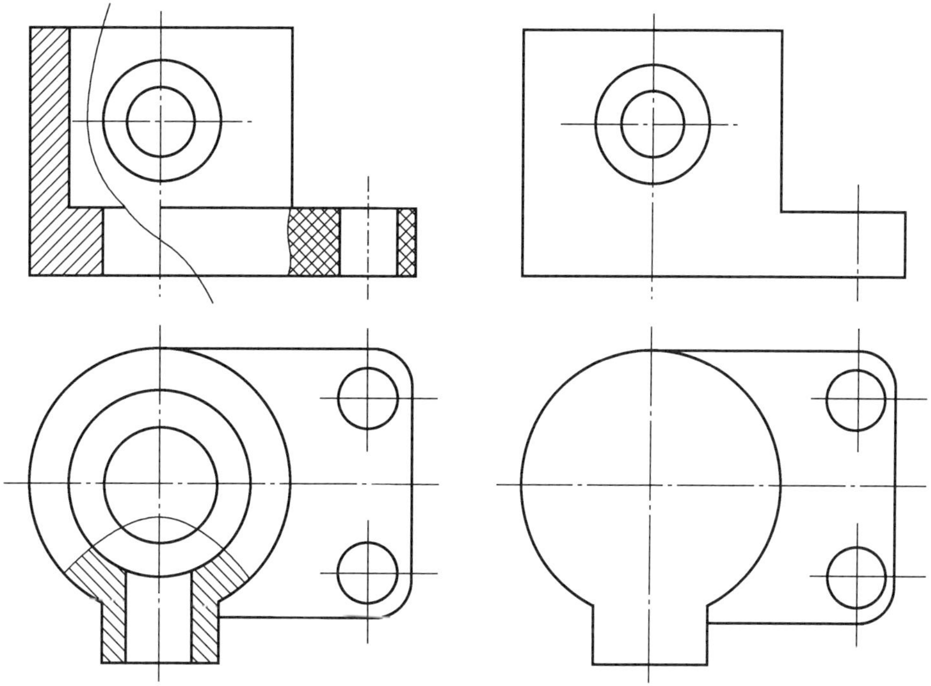

8 - 10 画出 *C—C*、*D—D* 全剖视图。

C—C

D—D

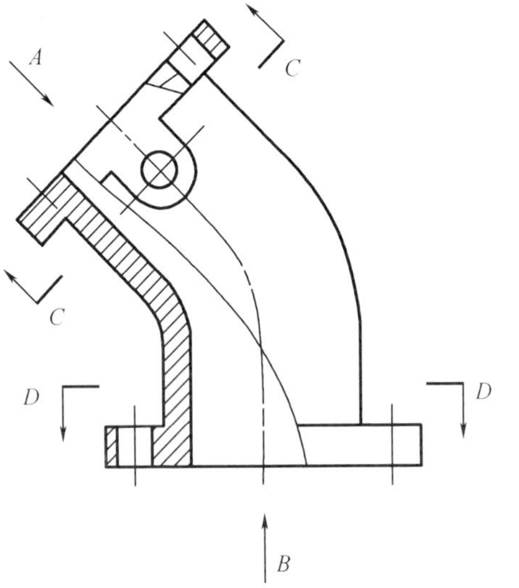

*B*向

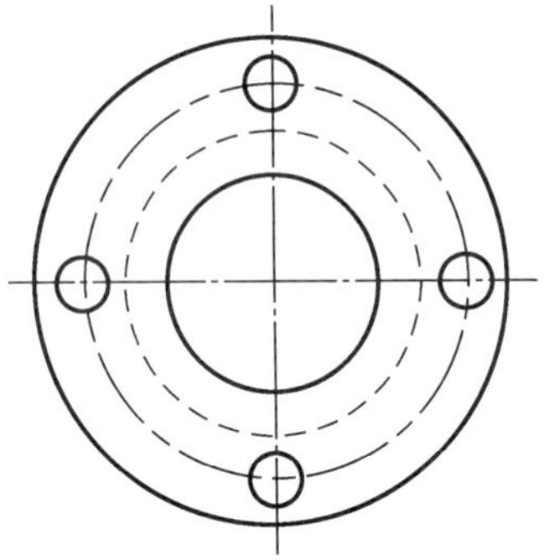

*A*向

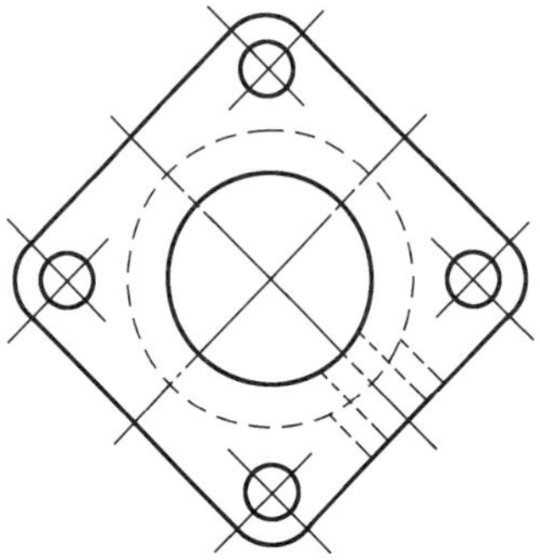

8 - 11　画出 *A*—*A*、*B*—*B* 全剖视图。

A—*A*　　　　*B*—*B*

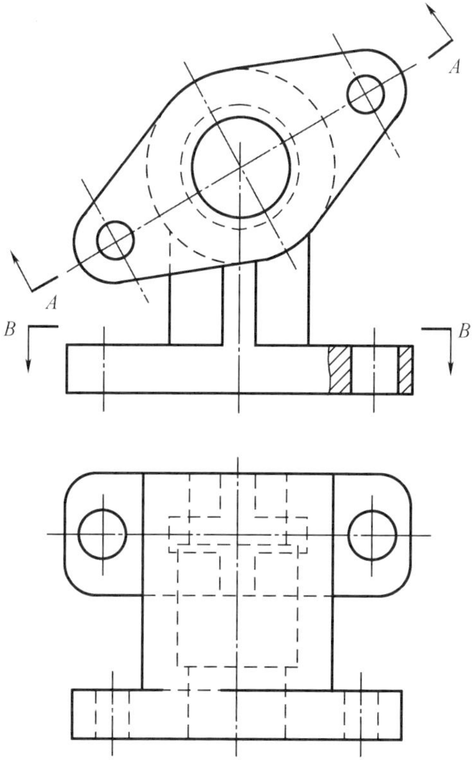

8－12　将主视图画成 *A*—*A* 全剖视图。

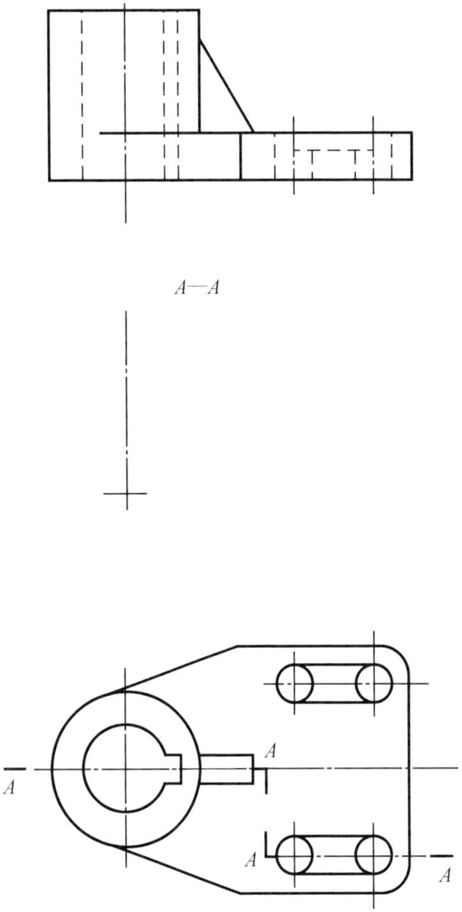

8－13　将主视图画成 *A*—*A* 全剖视图。

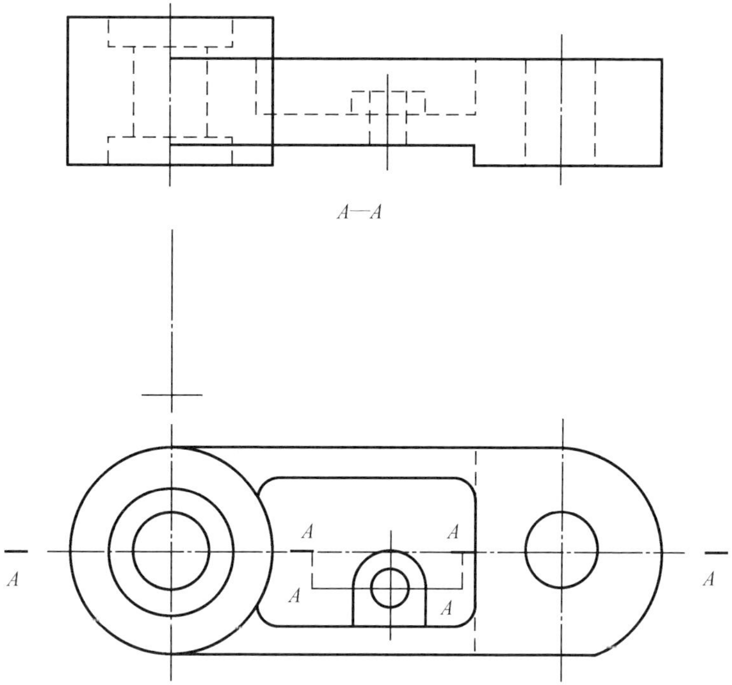

8－14　将主视图画成 *A*—*A* 全剖视图。

(1)

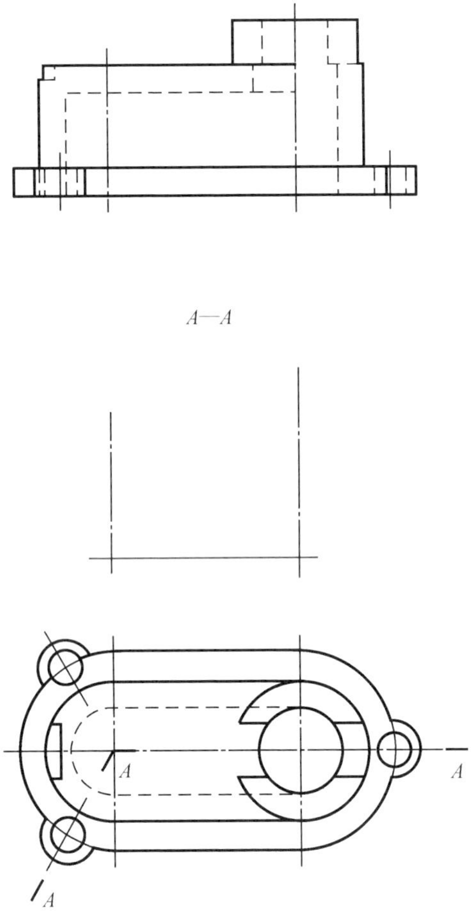

(2)

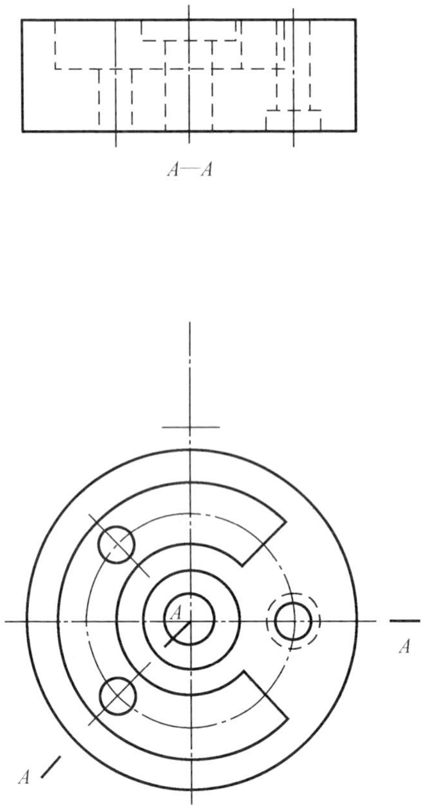

8－15　选择正确的断面图，在表达正确的图下画√。

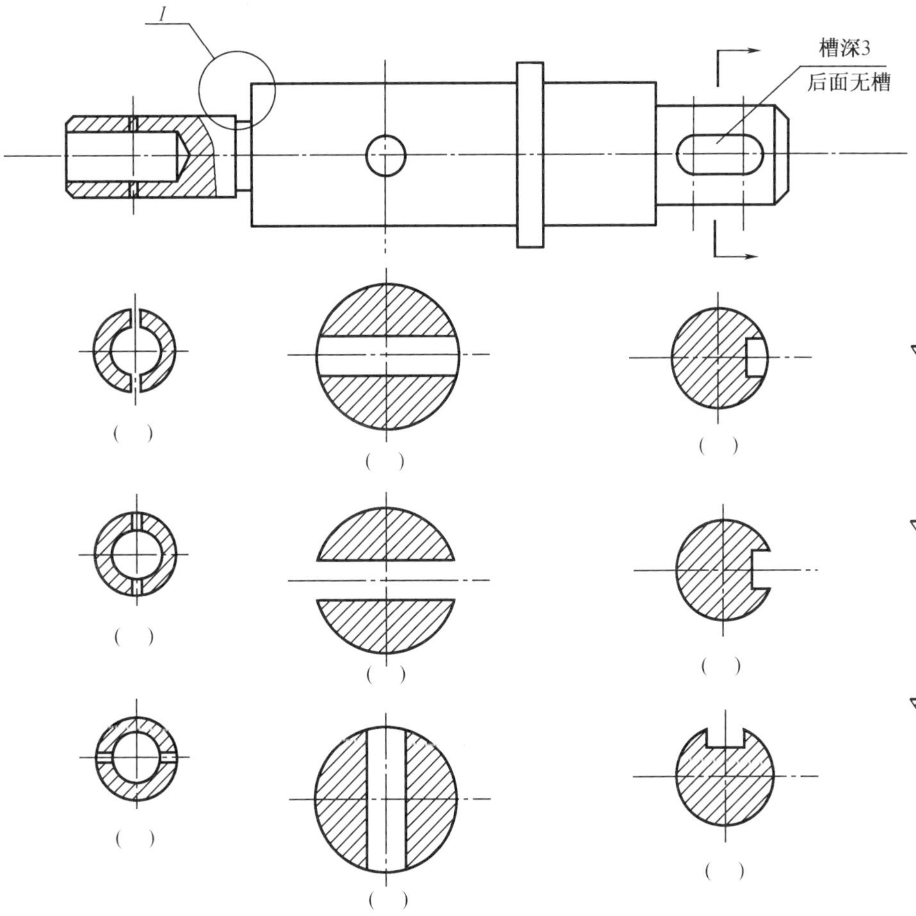

8－16　已知主、俯视图，选择正确的左视图(　　　)。

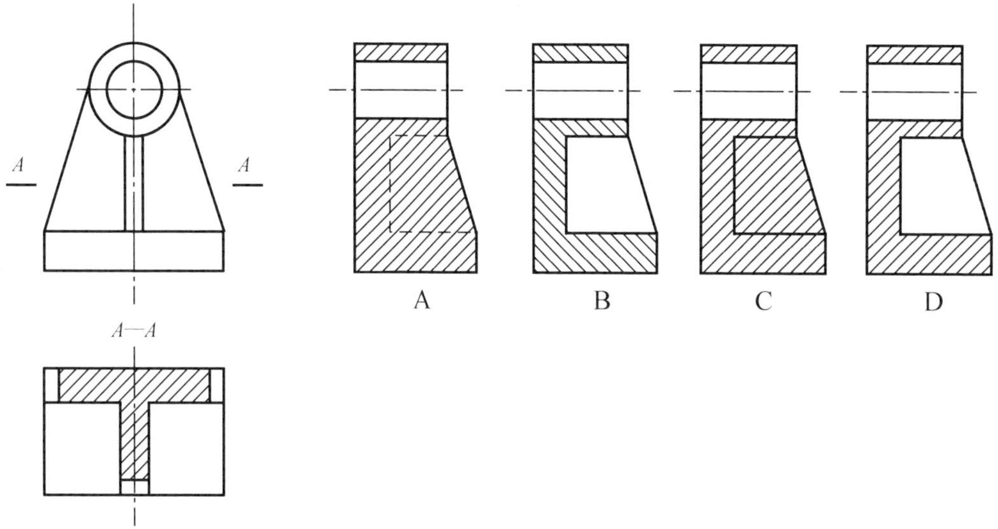

8－17　已知主、俯视图，选择正确的左视图(　　　)。

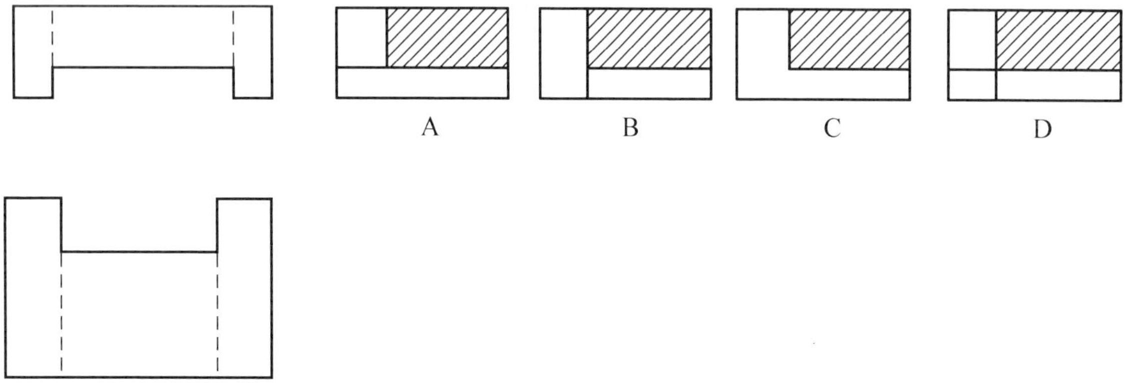

8－18　选择正确的一组视图(　　)。

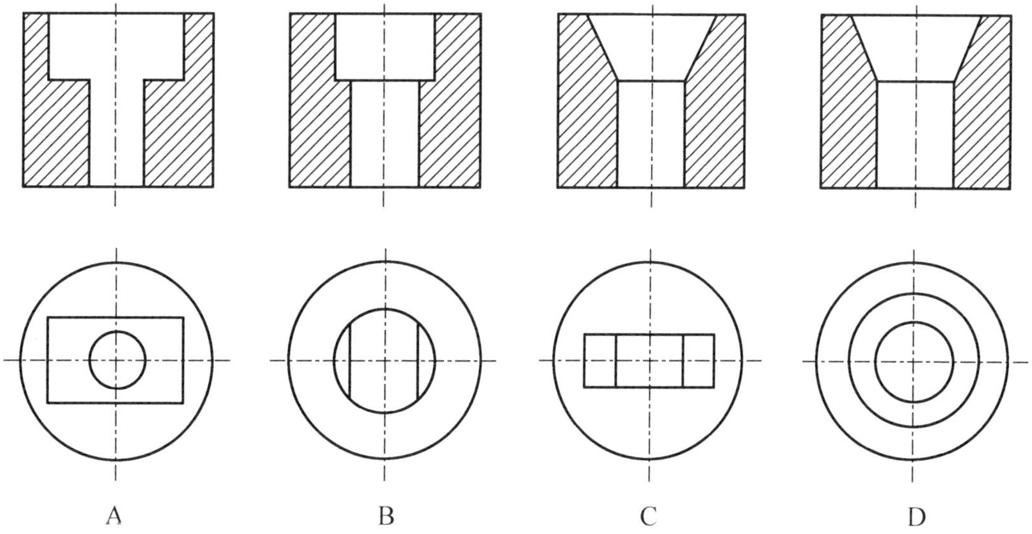

8－19 选择正确的一组视图（　　）。

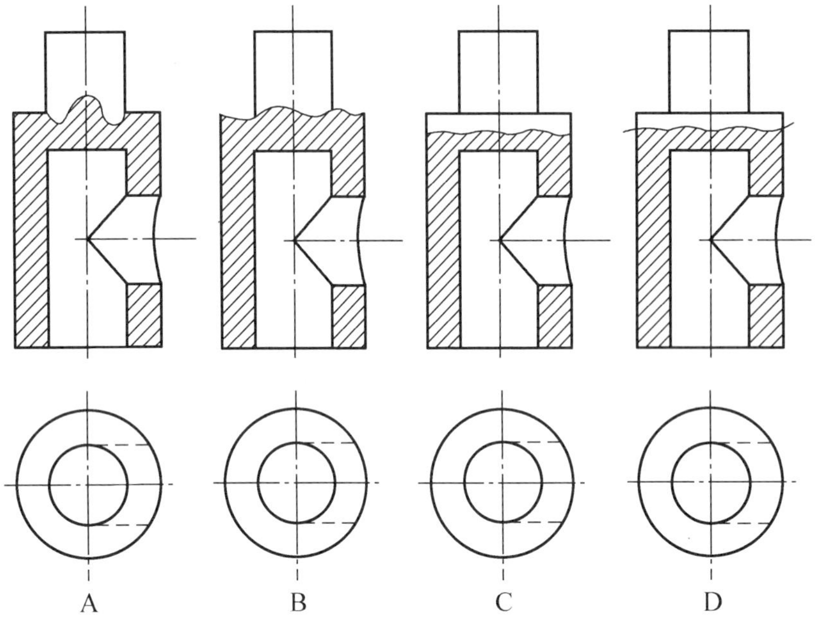

8－20　画出轴指定位置的移出断面。

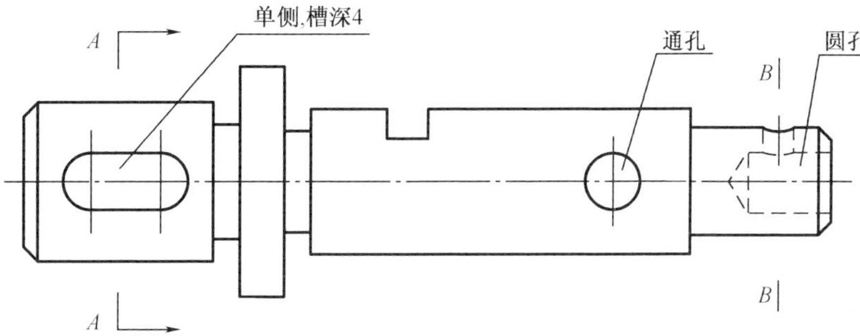

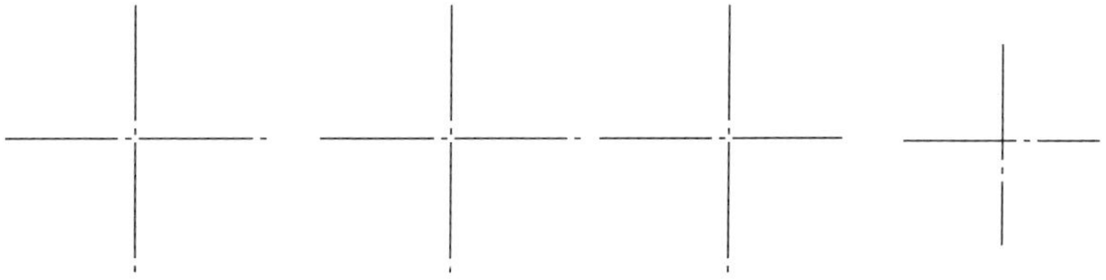

8－21　根据已知视图，看懂物体的形状，重新选择表达方案，将物体的内、外形表达清楚（画在空白处）。

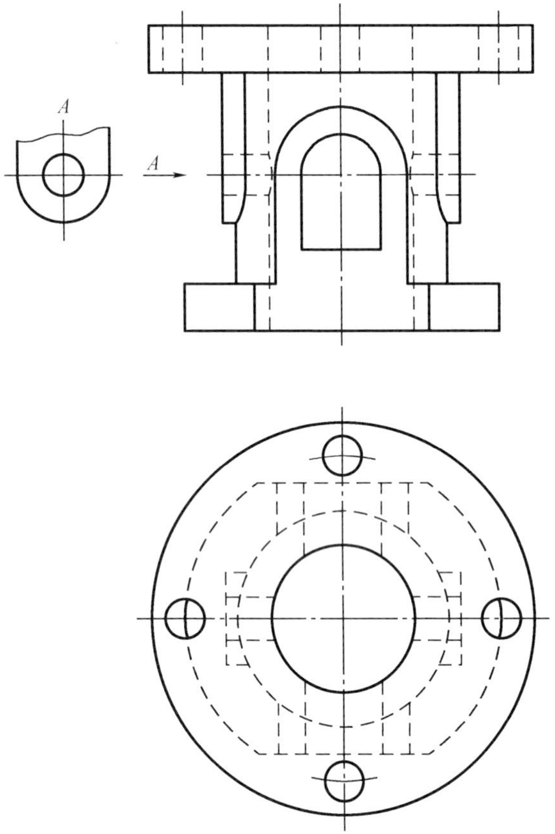

8－22　根据已知视图，看懂物体的形状，重新选择表达方案，将物体的内、外形表达清楚（画在空白处）。

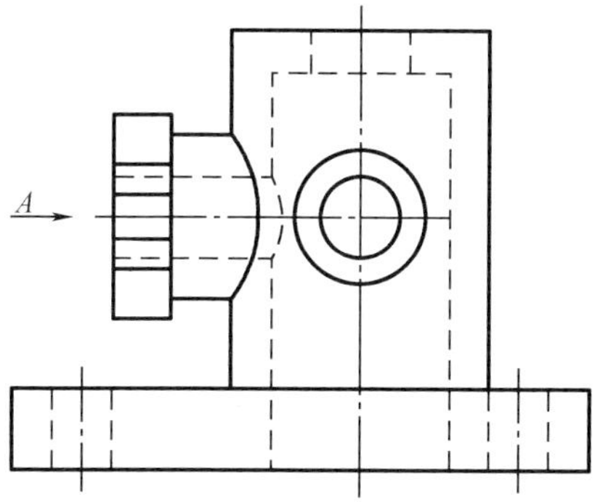

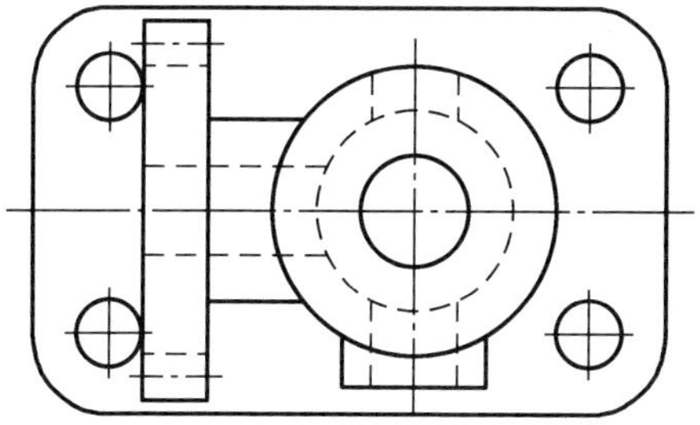

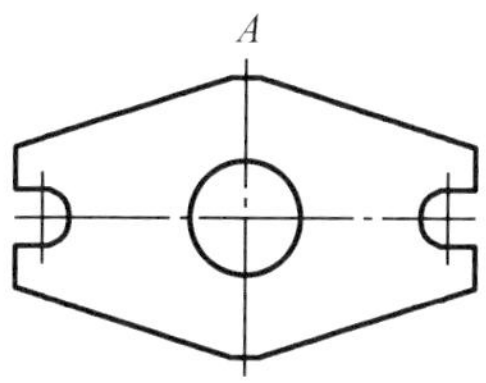

9 螺纹和螺纹紧固件

9－1 找出螺纹画法的错误之处,并画出正确的视图。

(1)

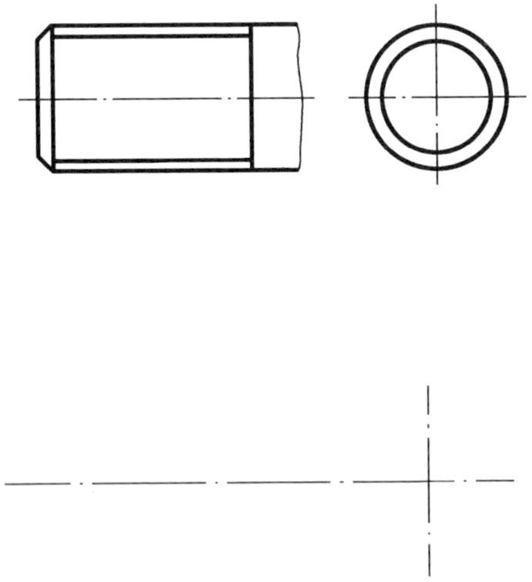

(2)

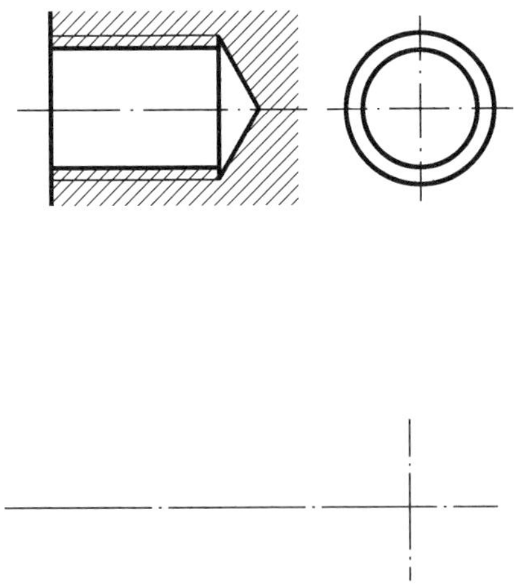

(3)

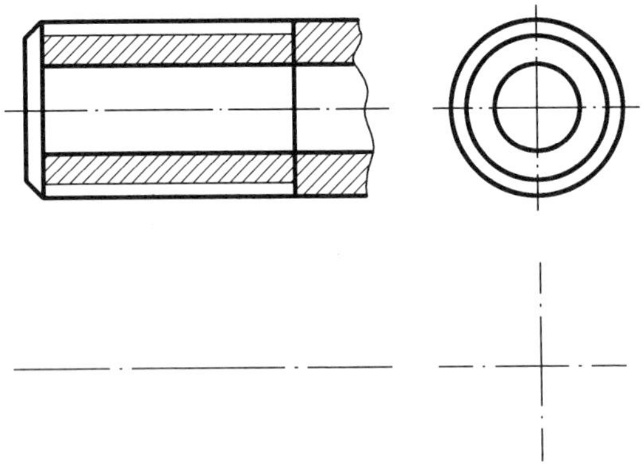

(4)

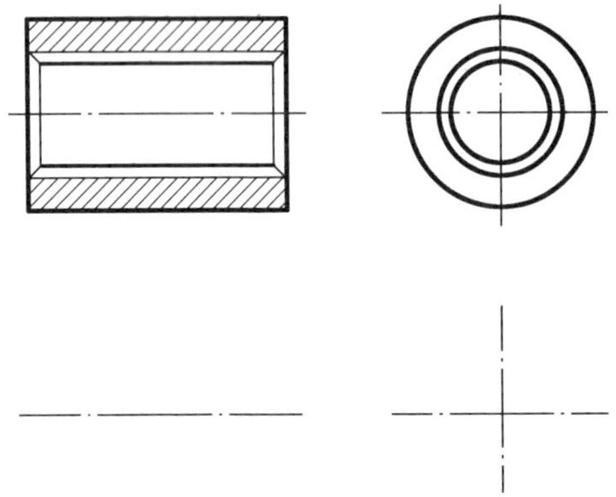

(5)

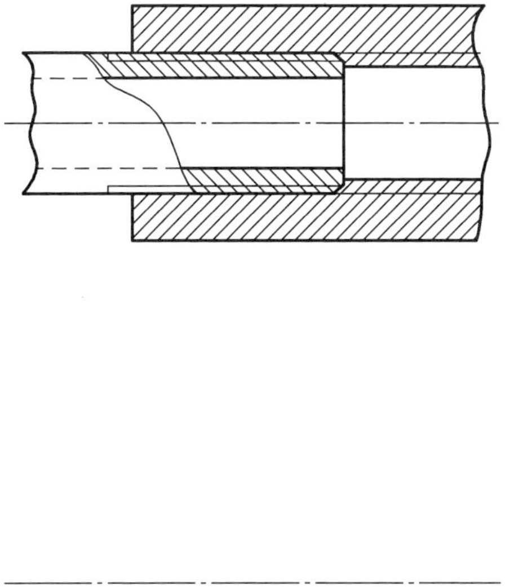

(6)

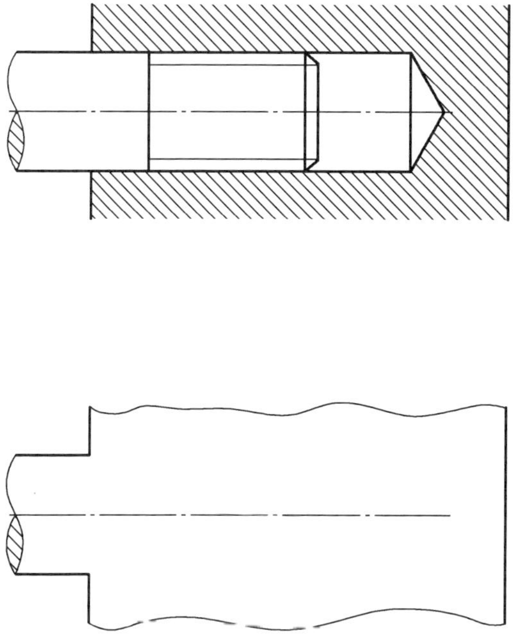

9－2 识别下列螺纹标记中各代号的意义，并填表。

螺纹标记	螺纹种类	大径	导程	螺距	线数	公差带代号	旋合长度代号	旋向
M16－6H－S								
M20								
M20×1.5－6g7g								
Tr40×7－7H								
Tr40×14(P7)－7e								
G1/2								

9-3 根据给定的螺纹要素,按规定进行标注。

(1)普通螺纹,大径 20 mm,右旋,中径、顶径公差带 5g,中等旋合长度。

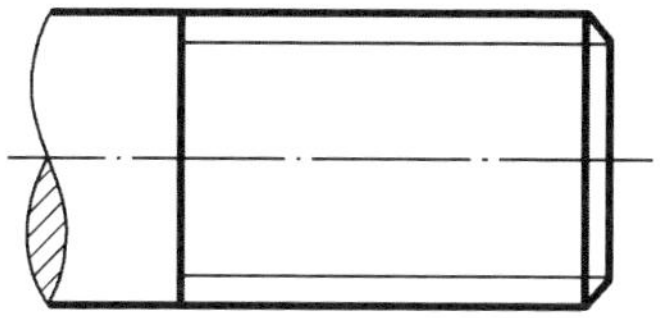

(2)55°非密封管螺纹,尺寸代号 1/2,左旋,公差等级 A。

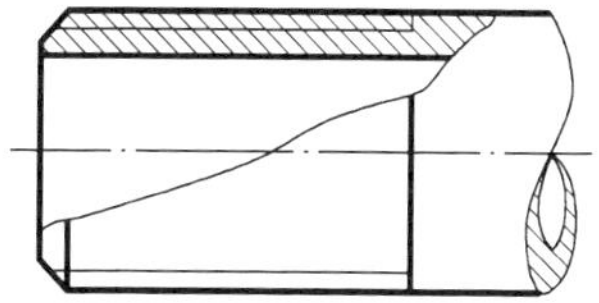

(3)梯形螺纹,公称直径 20 mm,导程 14 mm,双线,右旋,中径、顶径公差带 8e,长旋合长度。

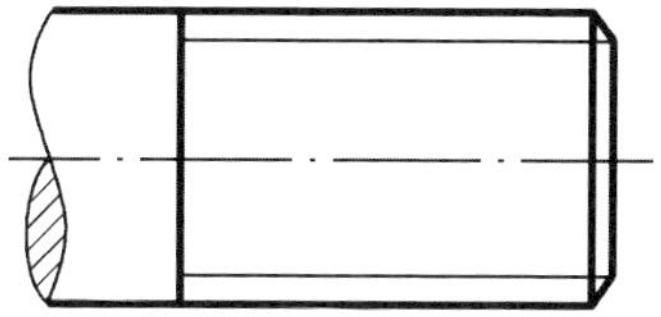

(4)锯齿形螺纹,公称直径 38 mm,螺距 5 mm,右旋,中径公差带 7H,单线,中等旋合长度。

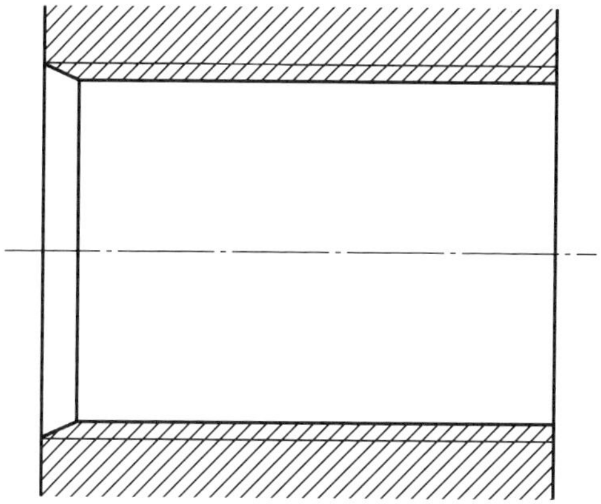

9－4　改正螺栓连接中的错误，将正确画法画在空白处。

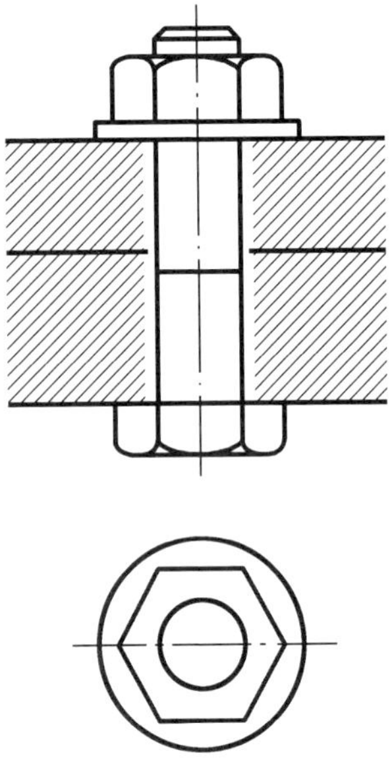

9－5　改正螺柱连接中的错误，将正确画法画在空白处。

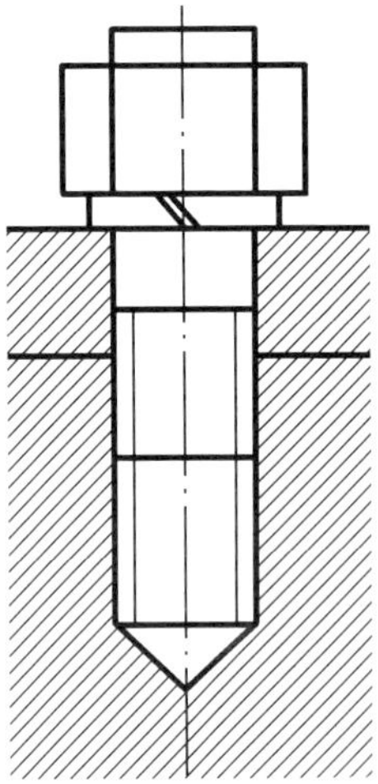

9－6　改正螺钉连接中的错误，将正确画法画在空白处。

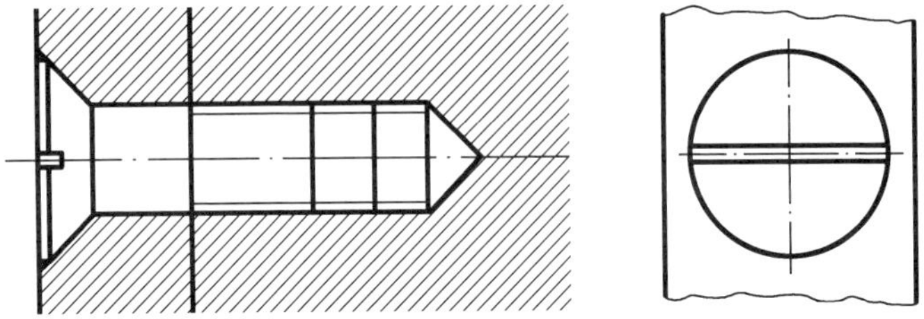

9-7　查表填写下列各紧固件的尺寸。

(1)六角头螺栓 GB/T 5782 M16×60。

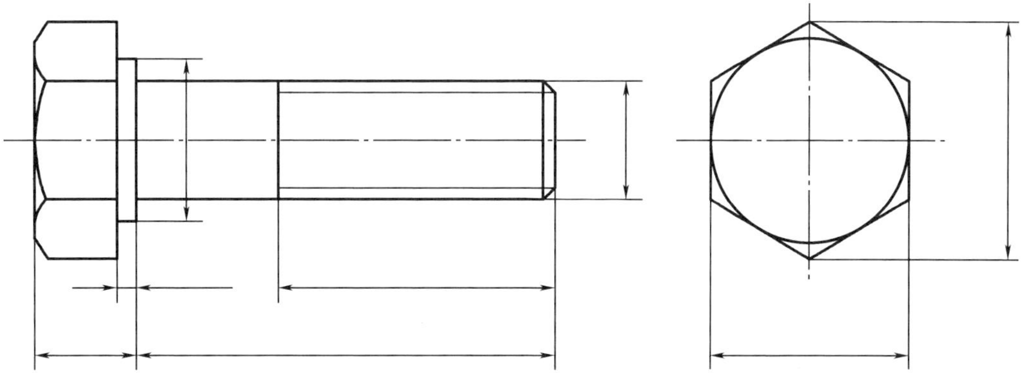

(2)双头螺柱 GB/T 898 M16×60。

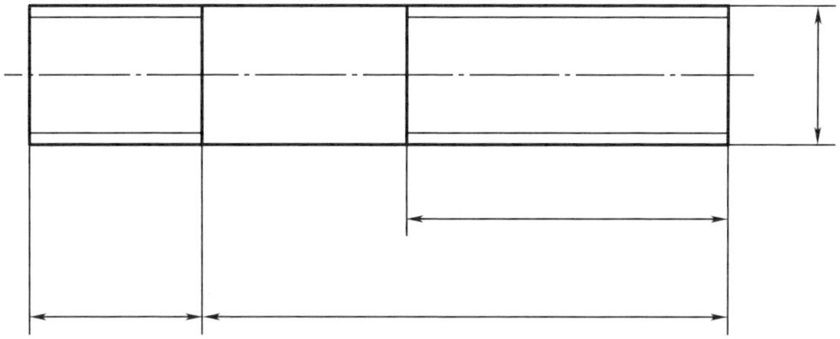

(3) A 级的 1 型六角螺母 GB/T 6170 M16。

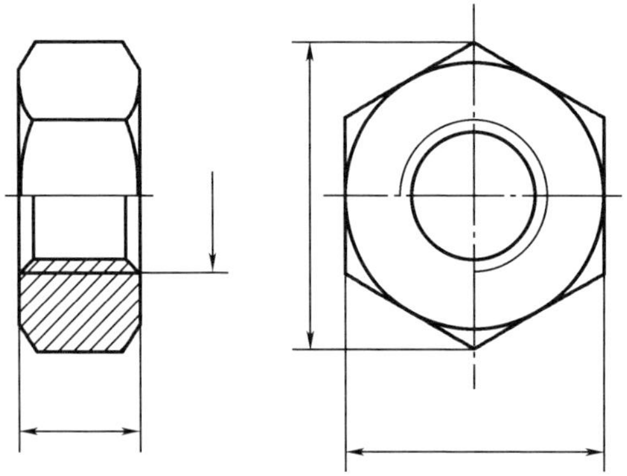

(4) 平垫圈 GB/T 97.1 16。

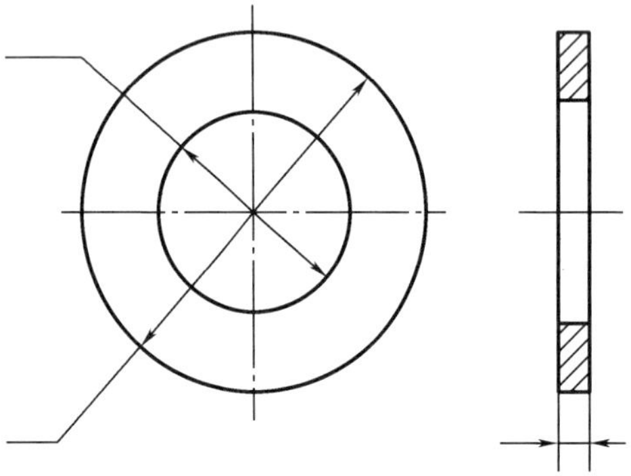

9-8 已知螺栓 GB/T 5782 M16×80,螺母 GB/T 6170 M16,垫圈 GB/T 97.1 16,用比例画法作出螺栓连接的主、俯、左视图(比例1:1)。

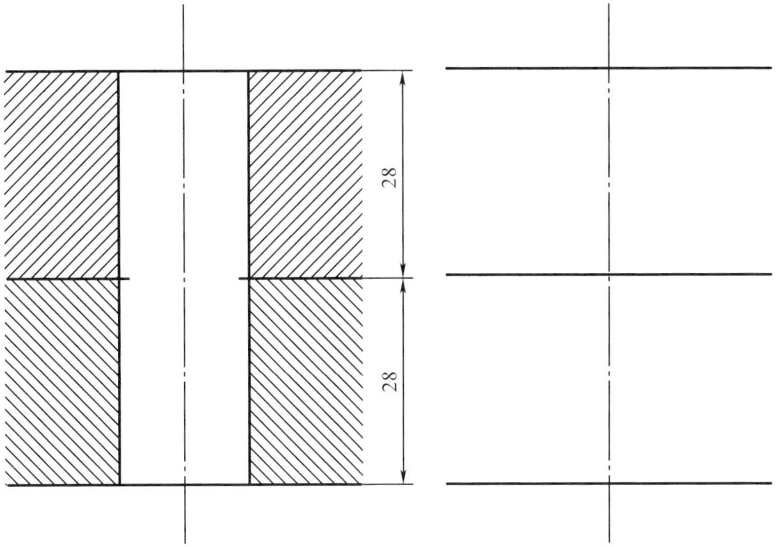

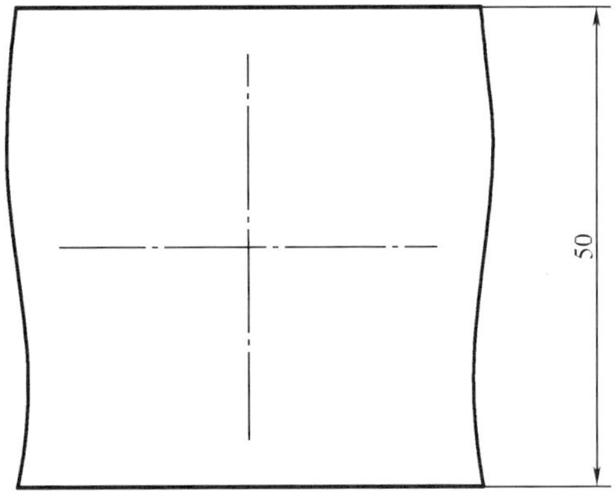

9－9　已知螺柱 GB/T 898 M16×40，螺母 GB/T 6170 M16，垫圈 GB/T 93 16，被旋入零件的材料为铸铁。用比例画法作出螺柱连接的主、俯视图（比例 1:1）。

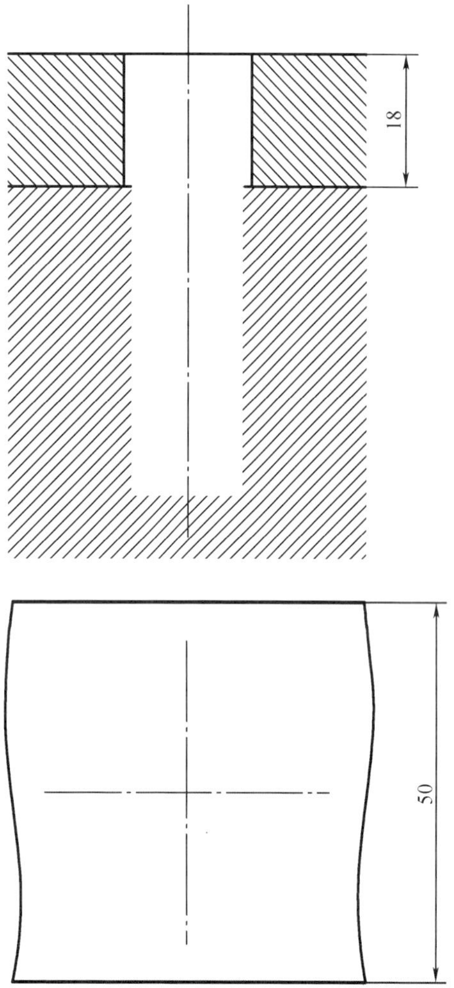

9-10 已知螺钉 GB/T 65 M8×20,用比例画法作出螺柱连接的主、俯视图(比例 2:1)。

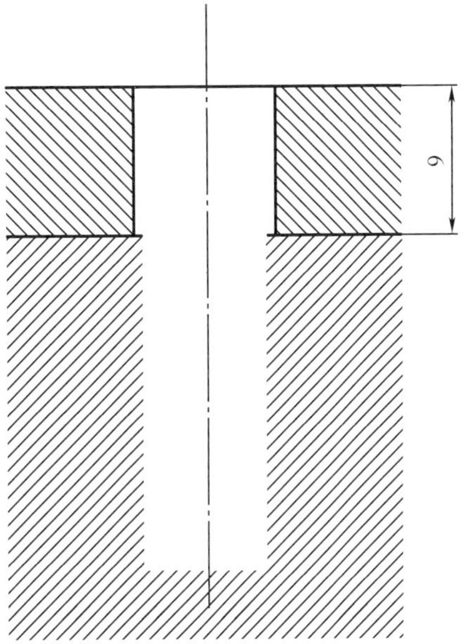

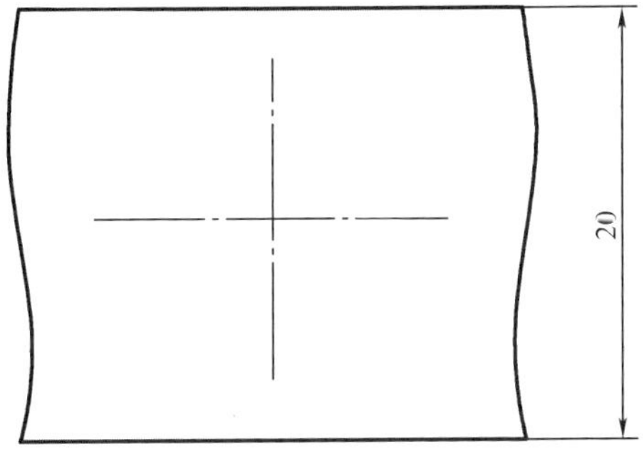

9－11 根据图示连接孔直径和内螺纹尺寸，选择合适规格的螺纹紧固件，并计算和确定各紧固件公称长度，绘制其主、俯视图，写出各紧固件的标记。（比例 1:2）

图中涉及螺纹紧固件标准代号见下表：

螺栓	螺柱	螺钉	螺母	垫圈
GB/T 5782—2000	GB/T 898—1988	GB/T 65—2000	GB/T 6170—2000	GB/T 97.1—2002

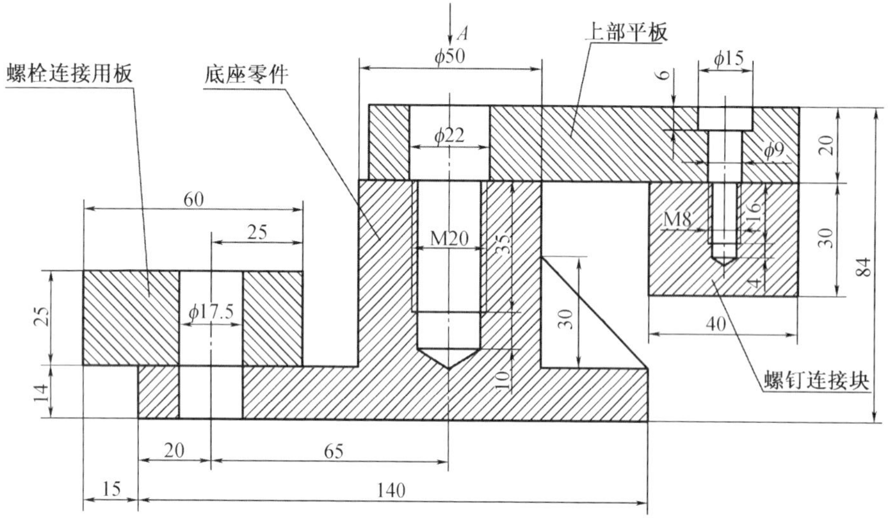

 专业班级　　姓名　　学号　　审阅

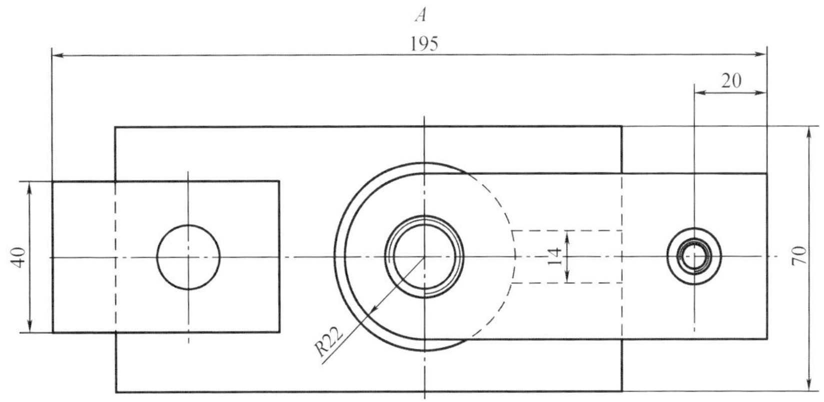

螺栓连接紧固件标记

螺柱连接紧固件标记

螺钉连接紧固件标记

10－1　将轴与皮带轮用 A 型普通平键连接,已知轴、孔直径 ϕ40 mm,键长 40 mm,试查表并标注键和键槽的尺寸,并写出键的标记。(比例 1:2)

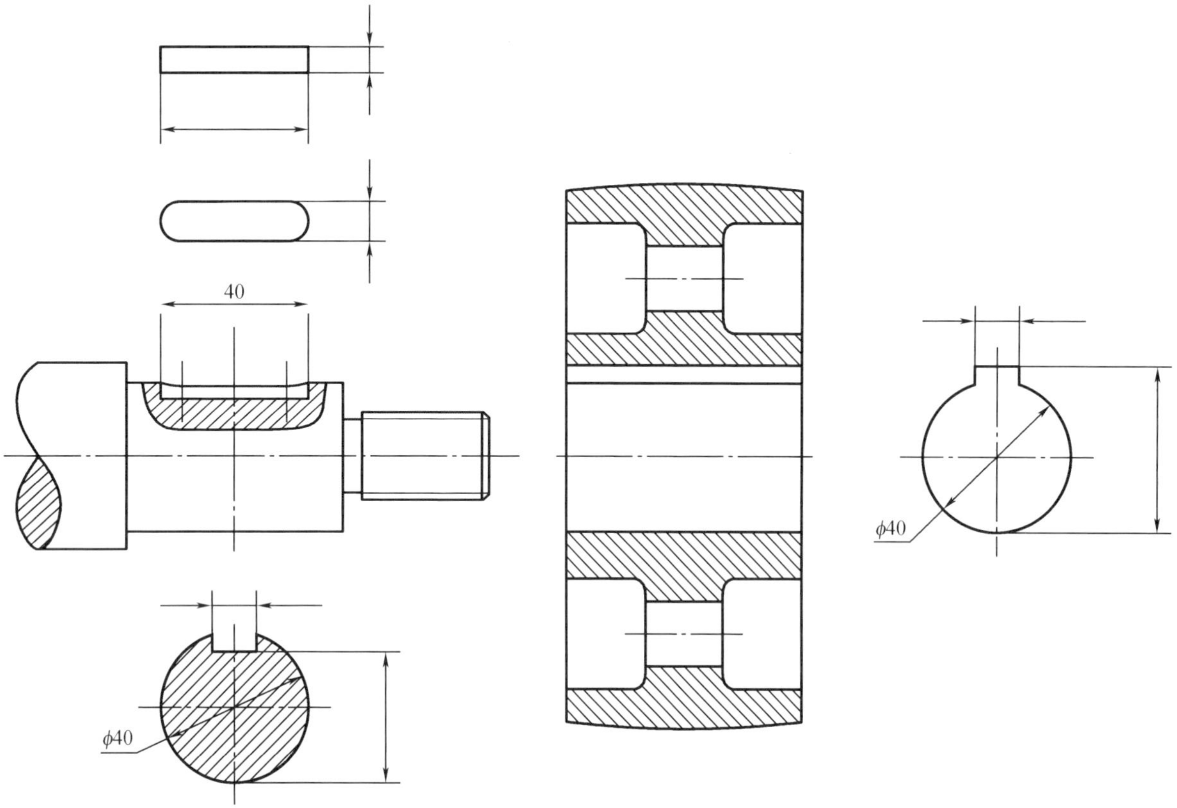

　专业班级　　　　姓名　　　　学号　　　　审阅

10－2　补全 10－1 中轴与皮带轮用 A 型普通平键连接的装配图，并画出 *A*—*A* 断面图。

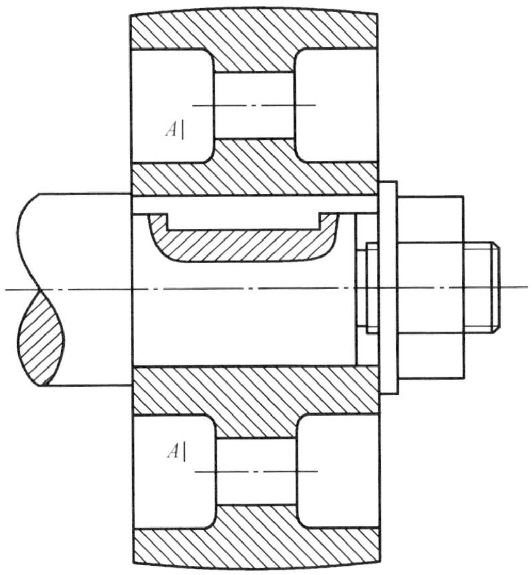

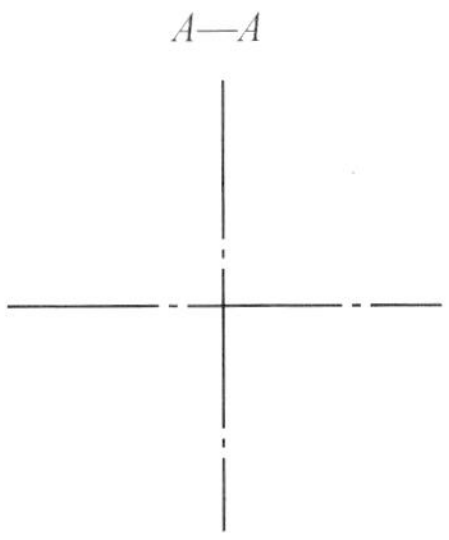

10－3　已知圆柱销直径为 10 mm，完成齿轮和轴用销连接的装配图，并写出销的规定标记。

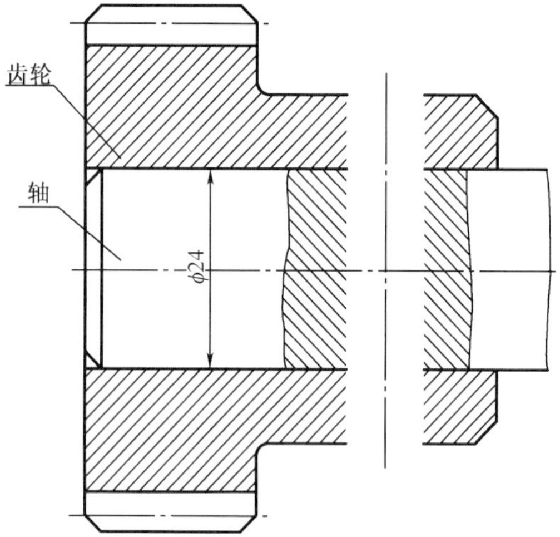

10－4　用规定画法按照 1:2 比例完成深沟球轴承（6210）装配图。

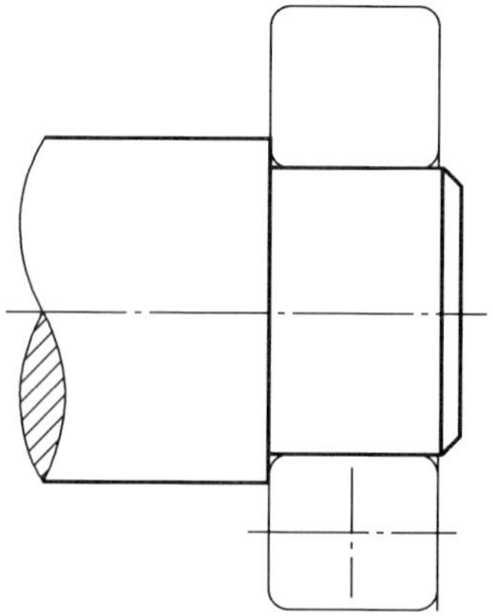

10－5　已知一直齿标准圆柱齿轮，$m=3$，$z=22$，按规定画法补全齿轮的两个视图。

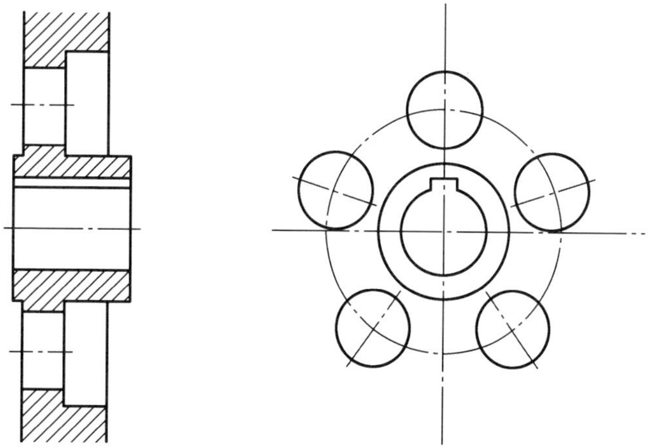

10－6　按规定画法补画出标准直齿圆柱齿轮的啮合图(主视图全剖)，$m=3$，$z_1=18$，$z_2=22$，并标注中心距。

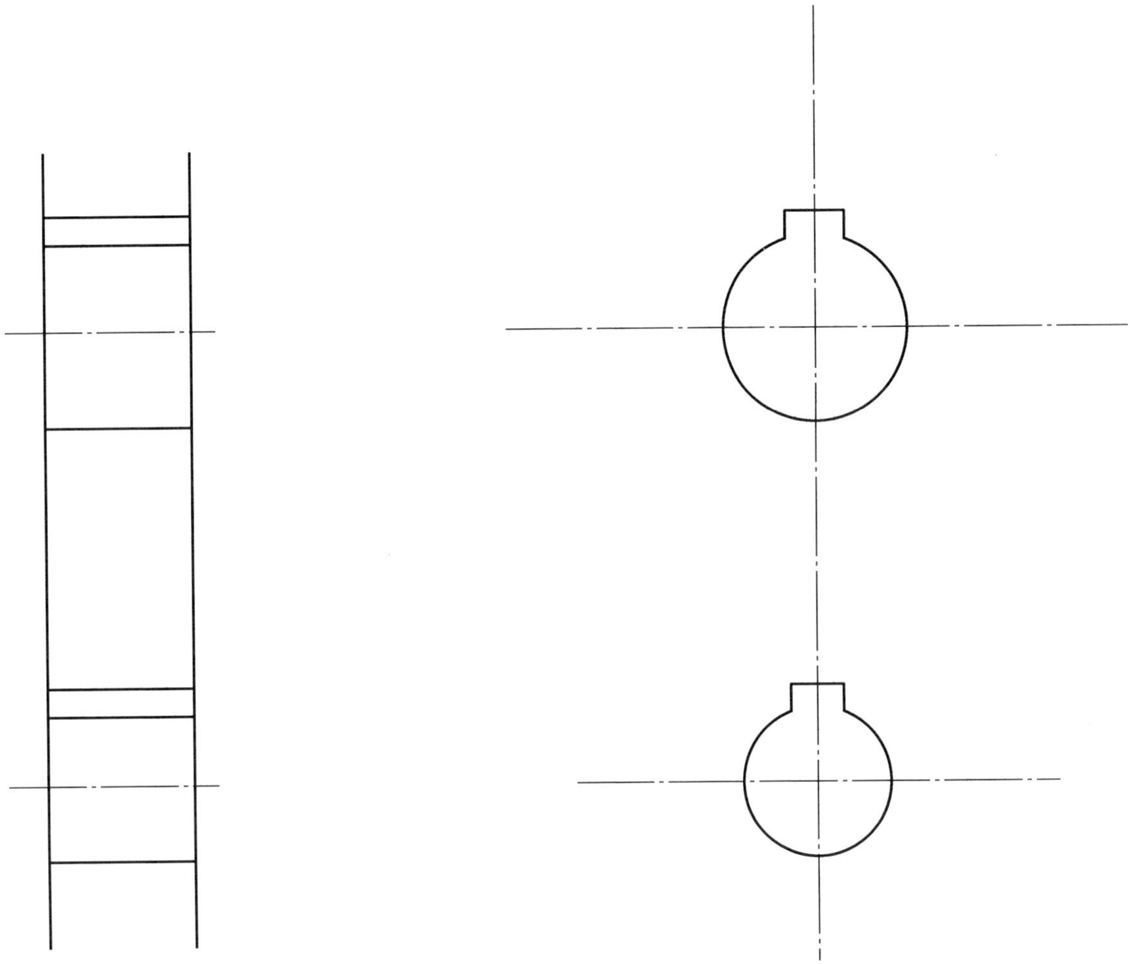

10－7　已知圆柱螺旋压缩弹簧的参数如下：外径 $D=40$ mm，簧丝直径 $d=5$ mm，螺距 $t=10$ mm，有效圈数 $n=8$，支撑圈数 $n=1.5$，右旋，按规定画法画出弹簧的全剖视图。

10 - 8　选择判断正确的齿轮啮合画法（在正确的图形标号处画√）。

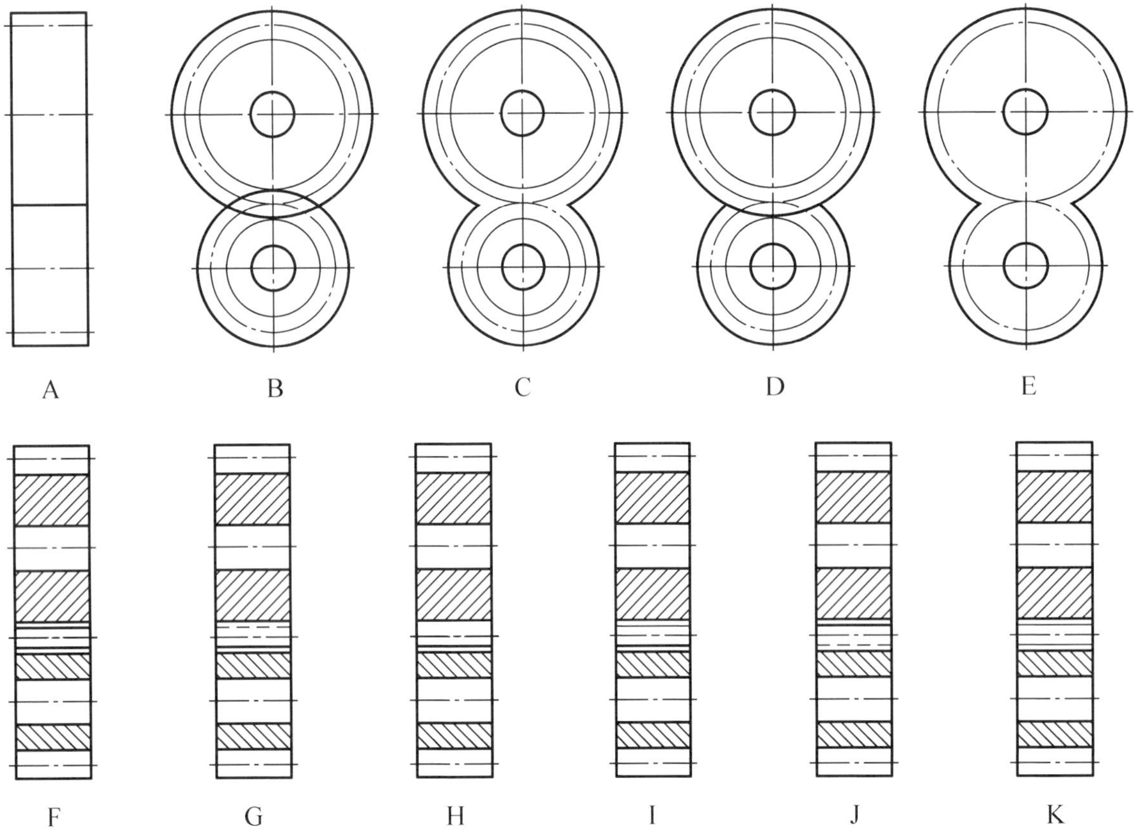

10－9　根据图中所示条件，计算齿轮模数 m，并补画两齿轮的啮合图、键及螺钉连接图。

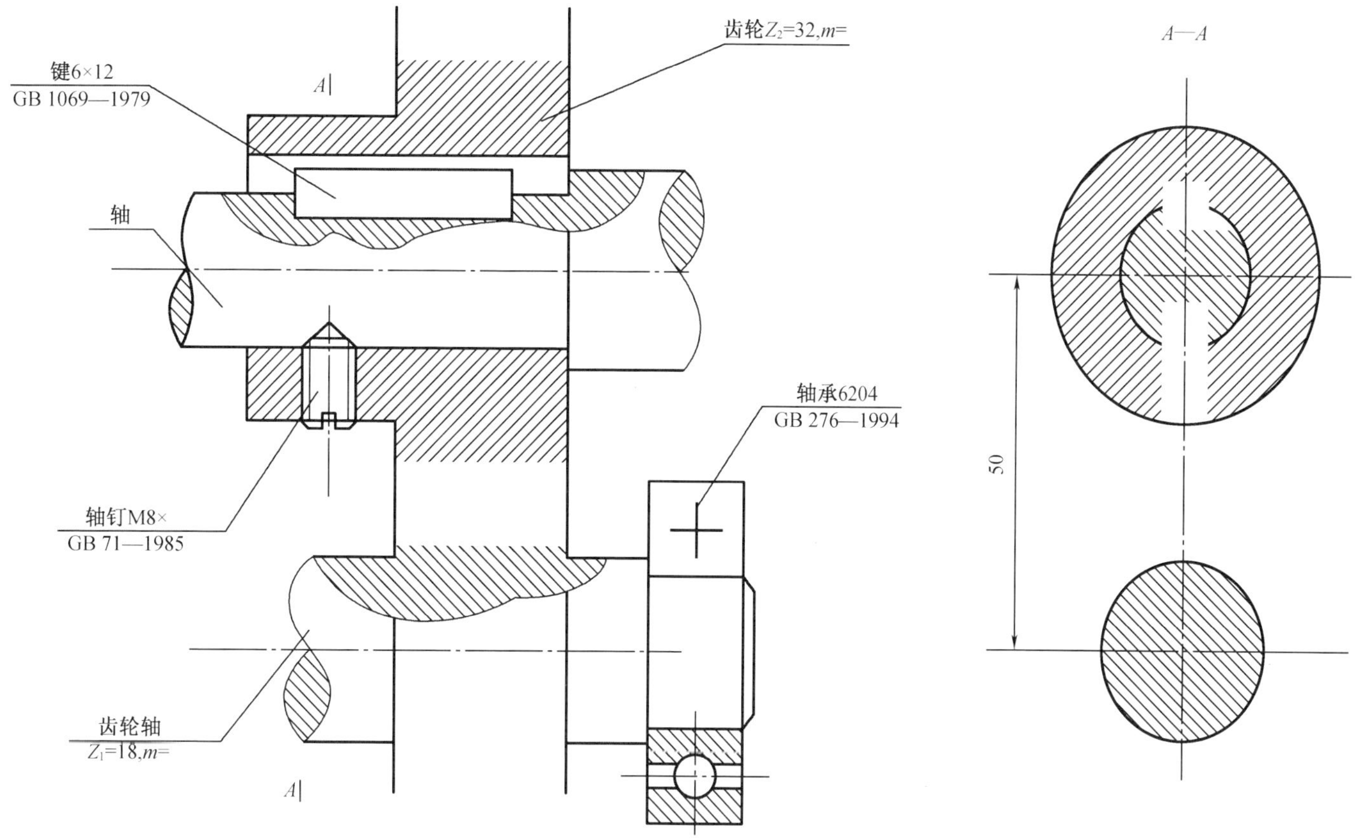

11 零件图

11－1 绘制螺杆的零件图。

材料:45 钢。

轴端倒角、螺纹退刀槽、砂轮越程槽、键槽尺寸根据轴颈查阅标准确定。

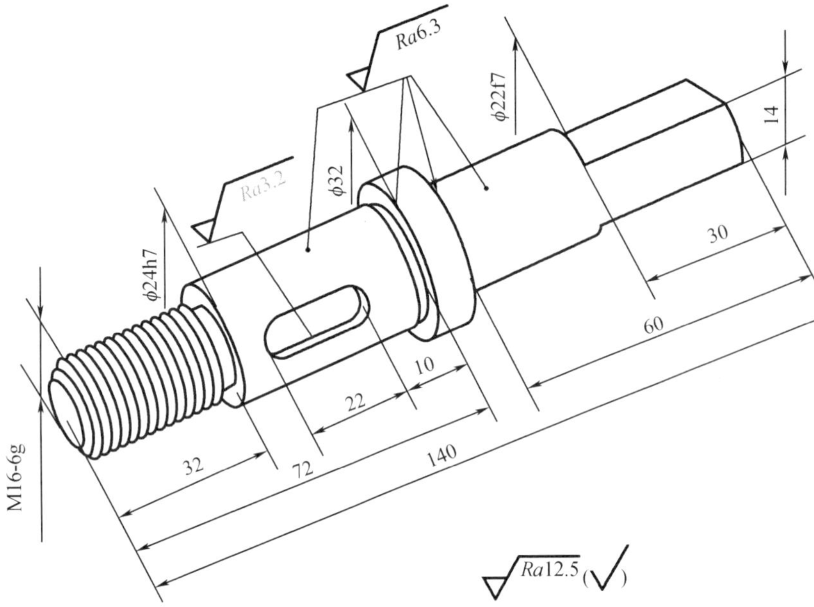

11－2　绘制联轴器的零件图。

材料：Q235A。

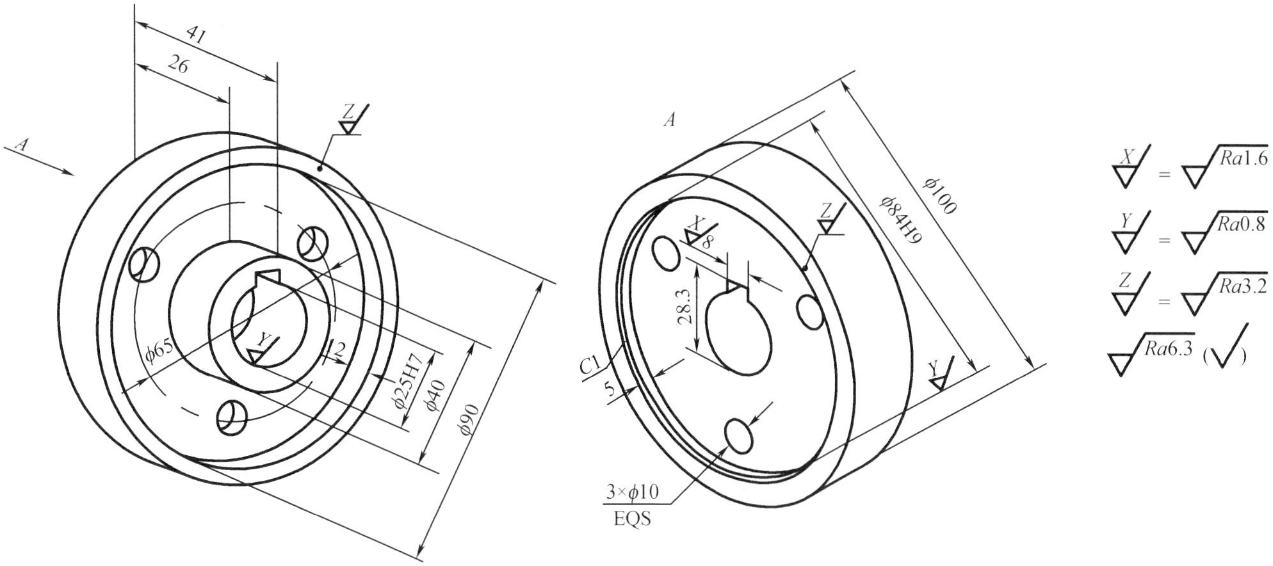

11－3　绘制支架的零件图。

材料：HT150。

未注圆角半径 R1～R3。

孔端面倒角、螺纹孔表面结构要求 $Ra12.5$。

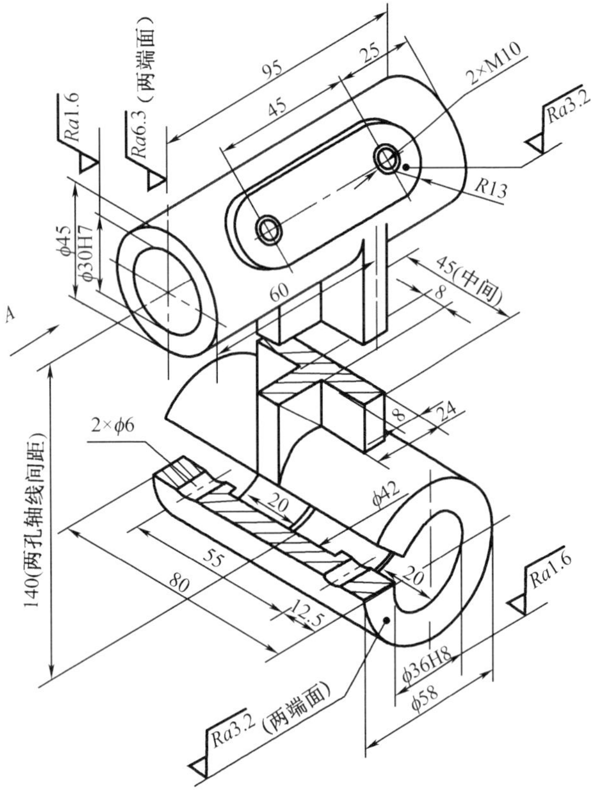

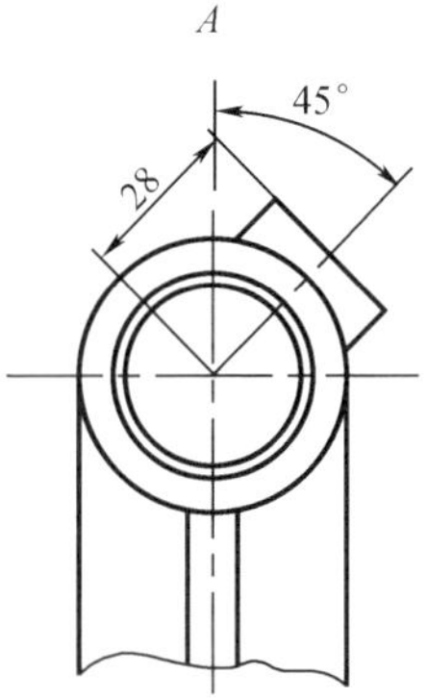

11－4　绘制箱体的零件图。

材料：HT150。

未注倒角 C2。

ϕ8 孔、倒角表面结构要求 Ra12.5。

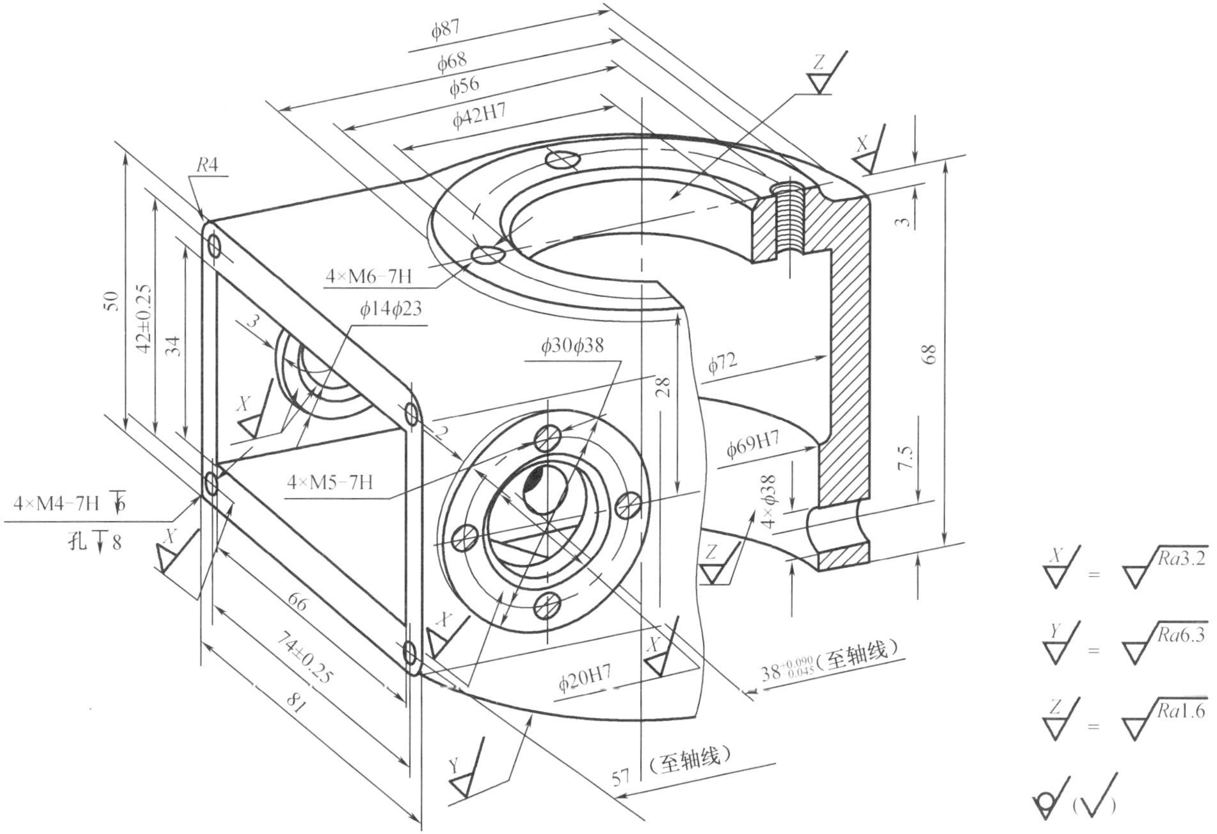

11－5　读轴套零件图，填空回答问题，并画出指定断面图。

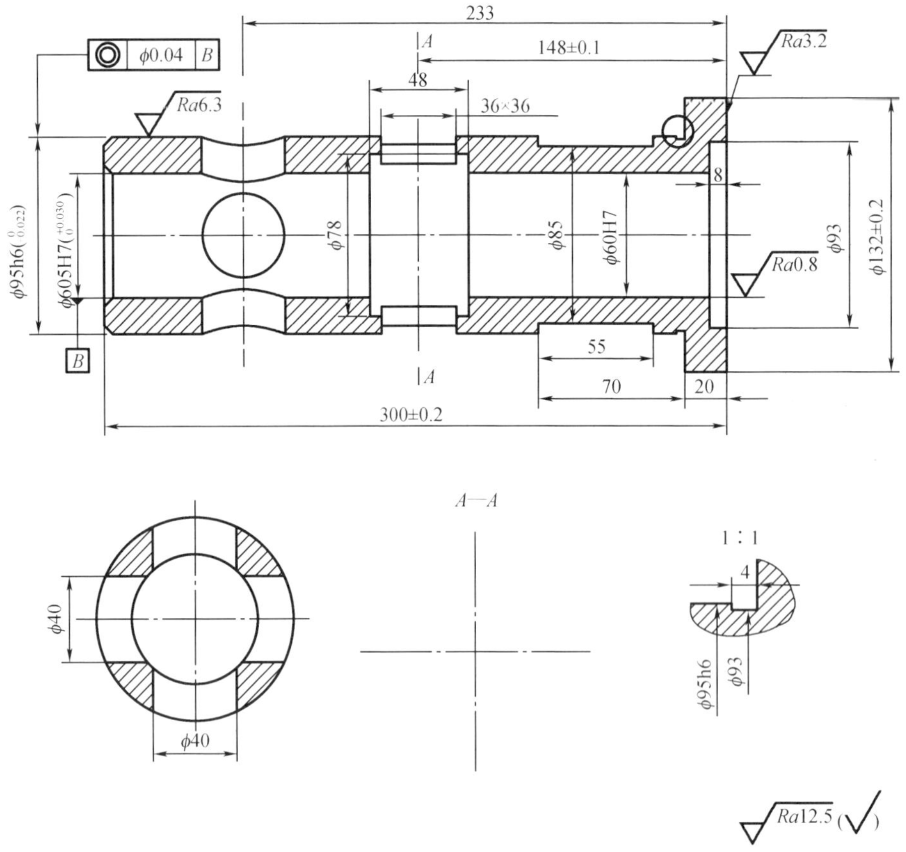

未注倒角 $C2$

制图			轴套	（图号）
校核				
（校名）	班	（学号）	材料 45	数量 1	比例 1:3

(1)读图回答问题。

①该零件的名称是________,材料是________,绘图采用的比例是________。

②该零件共用________个视图表达,采用的表达方法为________、________、________。

③该零件长度方向的尺寸基准为________,轴套中间方孔的定位尺寸是________,定形尺寸是________。

④图中尺寸 $\phi132 \pm 0.2$ 表示的外圆上极限尺寸为________,下极限尺寸为________,公差为________。

⑤图中尺寸 $\phi60H7(^{+0.030}_{0})$ 表示公称尺寸为________,公差带代号为________,基本偏差代号为________,标准公差等级为________。

⑥零件共有________种不同的表面结构要求,其中要求最高的表面是________,其表面结构代号为________。

⑦几何公差 [◎ | $\phi0.04$ | B] 表示被测要素为________,基准要素为________,公差值为________。

(2)在指定位置绘制 A—A 断面图。

11－6　读端盖零件图，填空回答问题。

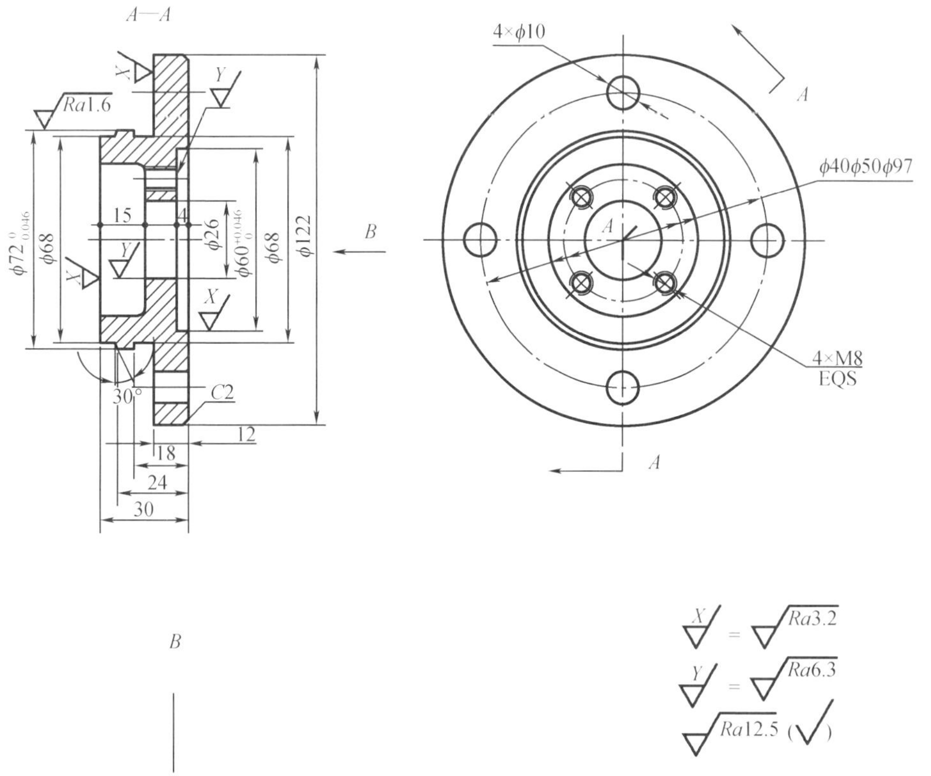

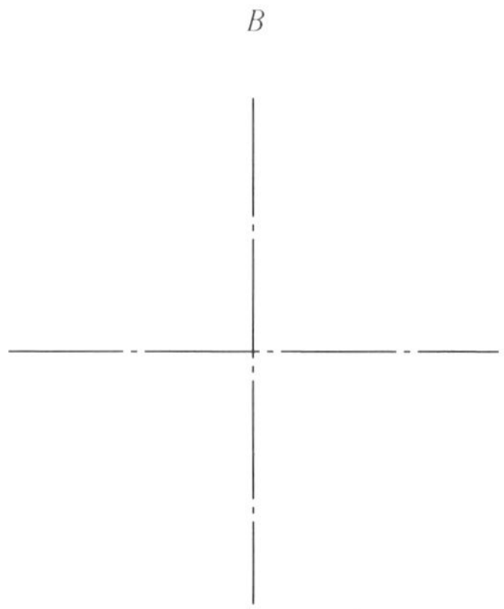

制图			端盖		（图号）
校核					
（校名）	班	（学号）	材料 HT150	数量 1	比例 1:2

(1)读图回答问题。

①该零件的名称是________,材料是________,绘图采用的比例是________。

②该零件共用了________个视图表达,采用的表达方法为________、________。

③端盖中部有________个螺纹孔,其定形尺寸为________,定位尺寸为________,端盖周围有________个孔,其直径为________,定位尺寸为________。

④图中尺寸 $\phi60^{+0.046}_{0}$ 表示公称尺寸为________,上极限尺寸为________,下极限尺寸为________,公差为________。

⑤端盖右端面表面结构参数值 Ra 为________,零件上要求最高的表面结构参数值 Ra 为________。

(2)在指定位置绘制 B 向视图。

11－7 读图回答问题。

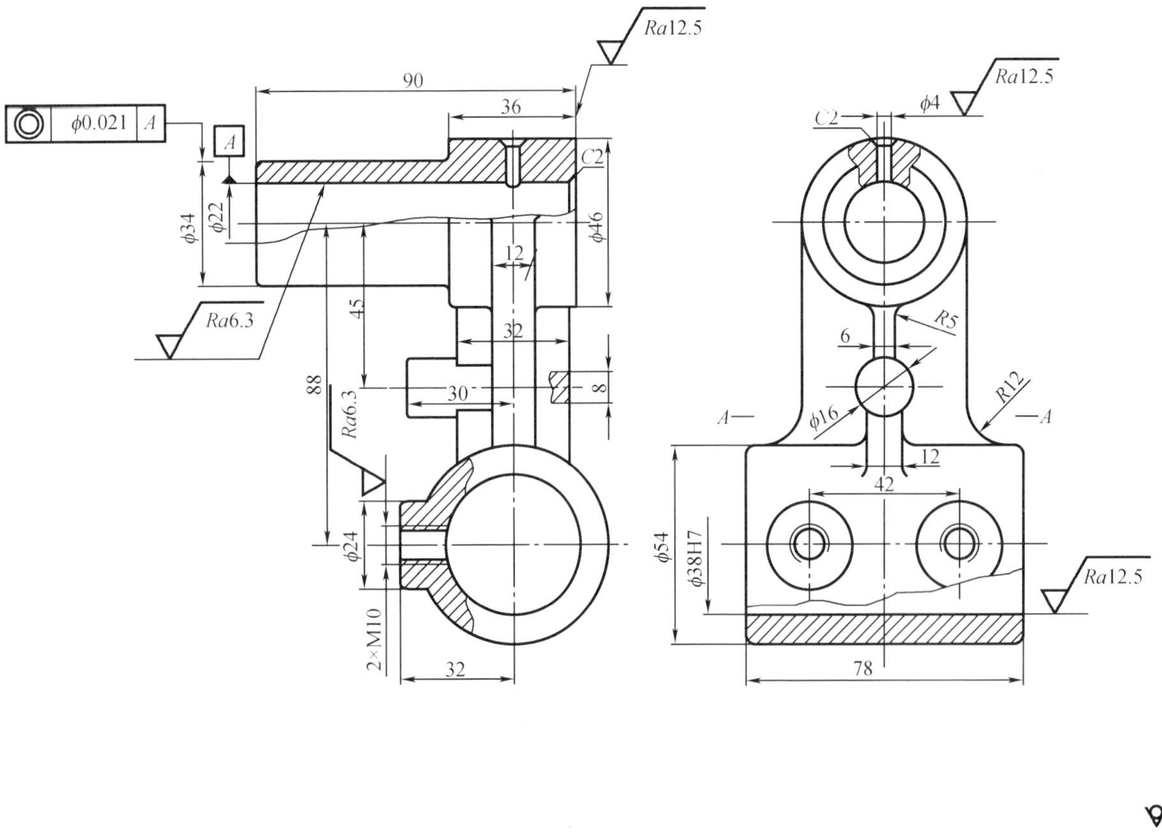

未注铸造圆角 *R*2

制图			十字接头	（图号）
校核				
（校名）	班	（学号）	材料 HT200 · 数量 1	比例 1:2

(1)读图回答问题。

①该零件共用了________个视图表达，采用的表达方法为________、________。

②零件长度方向的尺寸基准为________，宽度方向的尺寸基准为________，高度方向的尺寸基准为________。

③材料代号 HT200 表示________材料，该零件的加工方法应为________。

④图中尺寸 ϕ38H7 表示公称尺寸为________，公差带代号为________，基本偏差代号为________，标准公差等级为________，上偏差为________，下偏差为________，公差为________。

⑤零件共有________种不同的表面结构要求，按表面质量要求从低到高的顺序写出表面结构代号________。

(2)在下面位置绘制 A—A 断面图。

A—A

11－8　读阀体零件图，填空回答问题。

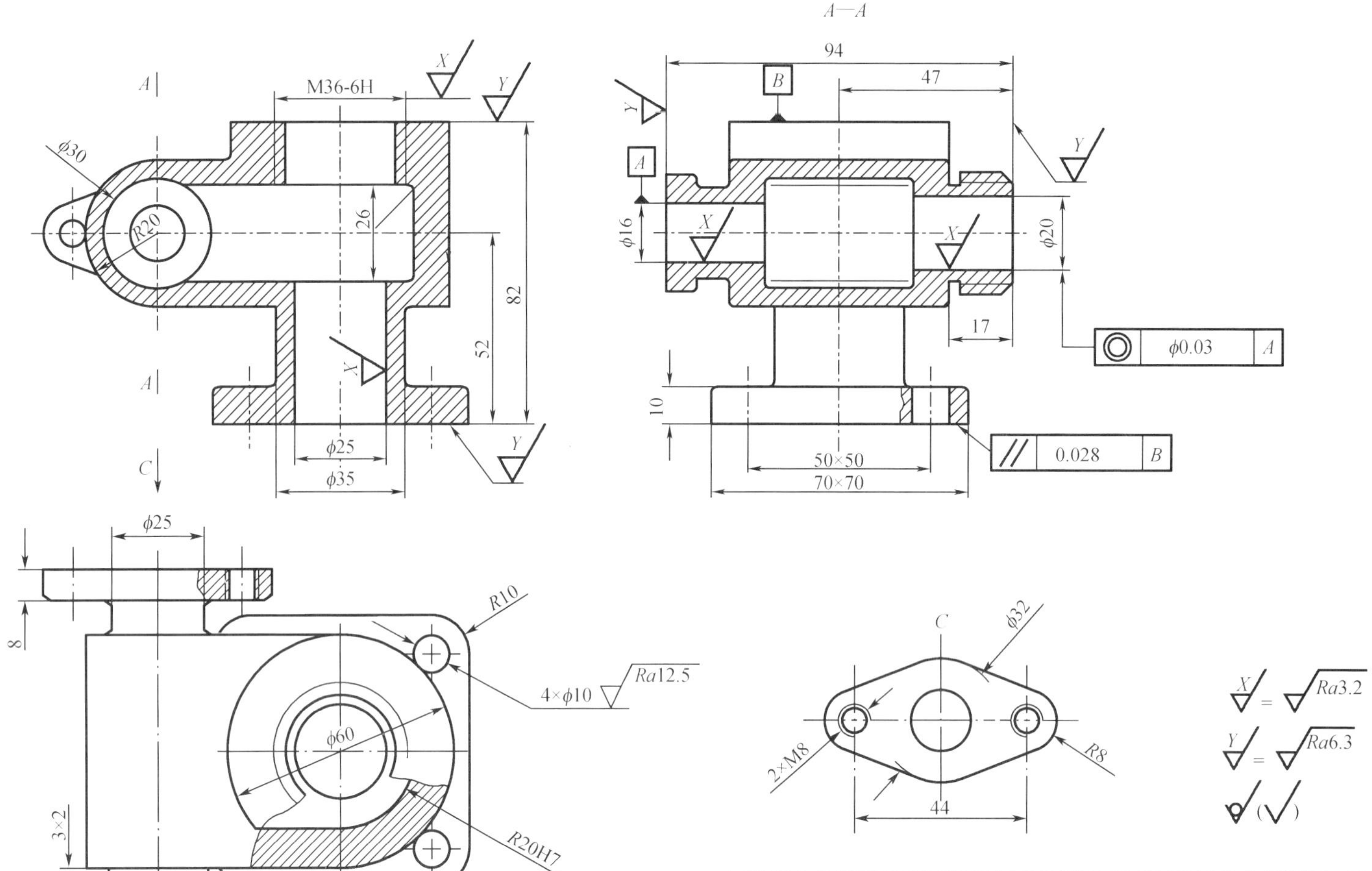

制图			阀体		（图号）
校核					
（校名）	班	（学号）	材料 ZL103	数量 1	比例 1:2

(1)该零件共用了________个视图表达，采用的表达方法为________、________、________。

(2)零件长度方向的尺寸基准为________，宽度方向的尺寸基准为________，高度方向的尺寸基准为________。阀体的总长为________，总高为________，总宽为________。

(3)图中有________处螺纹，其代号为________、________、________。

(4)*B* 向局部视图螺纹孔的尺寸为________，其定位尺寸为________。

(5)图中尺寸 *R*20H7 表示公称尺寸为________，公差带代号为________，基本偏差代号为________，标准公差等级为________。

(6)表面 *B* 的表面结构要求代号为________，主视图中 ϕ30 表面的表面结构要求代号为________，零件底面的表面结构要求代号为________。

(7)图中有________处几何公差要求，其要求分别为________、________。其含义分别为________________________________；________________________________。

12－1　符号含义解释。

Ra：________________________________。　：________________________________。

：________________________________。　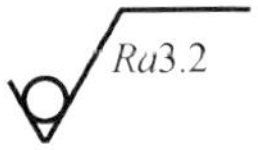

：________________________________。

12－2　表面结构标注。

(1)将指定表面结构用代号标注在图上。

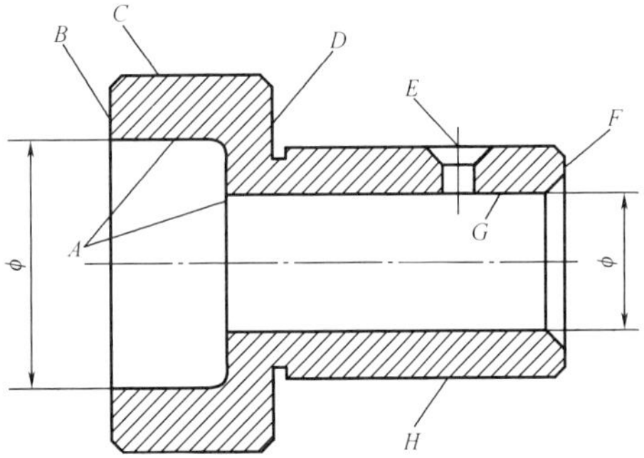

A面	Ra2.5
B面	Ra3.2
C面	Ra3.2
D面	Ra3.2
E面	Ra12.5
F面	Ra12.5
G面	Ra0.8
H面	Ra3.2
其余面	Ra25

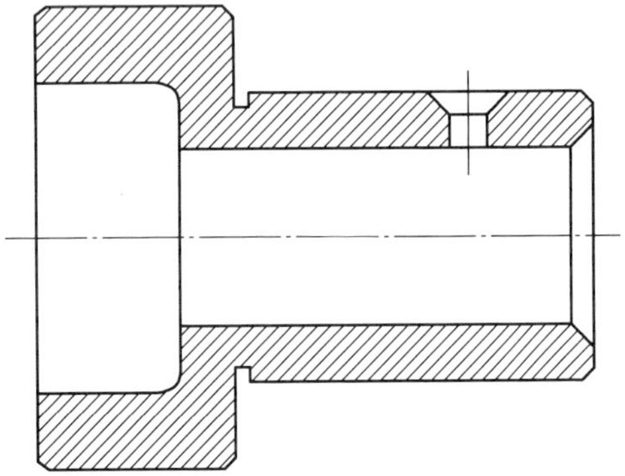

(2)圆柱、圆孔表面及螺纹工作表面的 Ra 值均为 6.3 μm,其余表面为 12.5 μm,用简化注法标注。

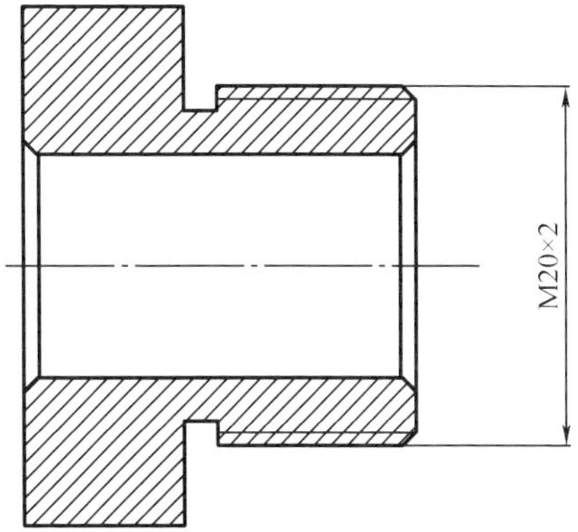

(3)下图中封闭轮廓各表面的 Ra 值均为 3.2 μm,试用代号将其标注在(a)图上。如果图示零件所有表面的 Ra 值均为 6.3 μm,试用简化代号将其标注在图(b)的下面。

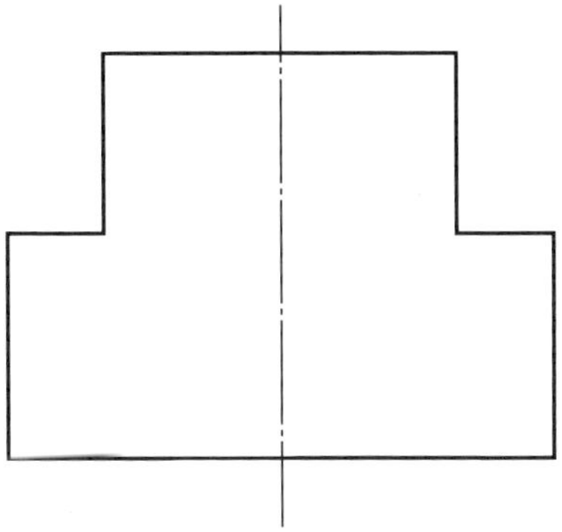
(a)

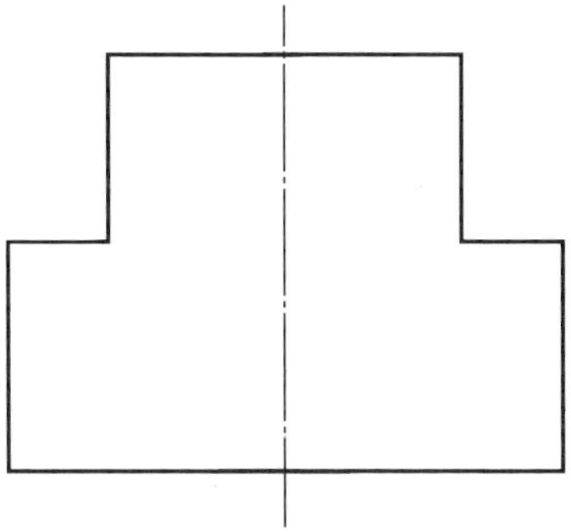
(b)

12－3　极限与配合基本概念。

(1)公差等级的选择原则是在满足使用要求的前提下，尽量选用________的公差等级。

(2)国家标准规定：公称尺寸≤500 mm 时，规定标准公差等级________个，基本偏差________个。

(3)配合有________和________两种基准制。配合种类包括________、________、________。

(4)在尺寸公差带中，________确定公差带位置，________确定公差带大小。

(5)基孔制的孔(基准孔)用符号________表示，其基本偏差的值为________。基轴制的轴(基准轴)的符号为________，其基本偏差的值为________。

(6)配合是指相互结合的孔和轴公差带之间的关系，两者的________必须相同。

(7)尺寸 $\phi80js8$，已知 IT8＝0.046，则 ES＝________ mm，EI＝________ mm，其尺寸范围为________。

(8)对公差的数值，下列说法正确的是(　　)。

A. 必须为正值　　B. 必须大于等于零　　C. 必须为负值　　D. 可以为正、负和零

(9)下列尺寸公差标注法正确的是(　　)。

A. $\phi50^{+0.021}_{+0.002}$　　B. $\phi50^{-0.03}_{+0.01}$　　C. $\phi50^{-0.02}_{+0.03}$　　D. $\phi50^{+0.0015}_{+0.01}$

(10)下列一组公差带代号，(　　)可以与基孔制 $\phi42H7$ 形成间隙配合。

A. $\phi42g6$　　B. $\phi42n6$　　C. $\phi42m6$　　D. $\phi42s6$

(11)下列一组公差带代号，(　　)可以与基轴制 $\phi50h7$ 形成过盈配合。

A. $\phi50F8$　　B. $\phi50H8$　　C. $\phi50K8$　　D. $\phi42S8$

(12)下列线性尺寸公差标注法错误的是(　　)。

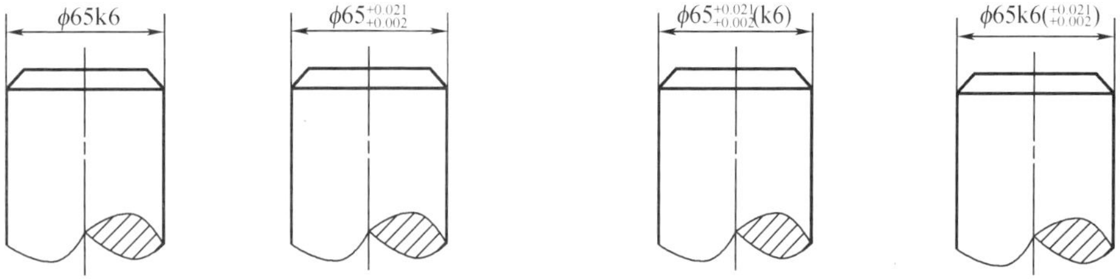

A　　B　　C　　D

12－4 根据孔、轴的极限偏差，直接判定其配合类别；画出其公差带图（孔画剖面线，轴涂黑，长度相等）；列式计算出最大、最小间隙或过盈（括号内不要的字打叉）。

（1）孔：$\phi120^{+0.087}_{0}$ 轴：$\phi120^{-0.120}_{-0.207}$ （　　　）配合

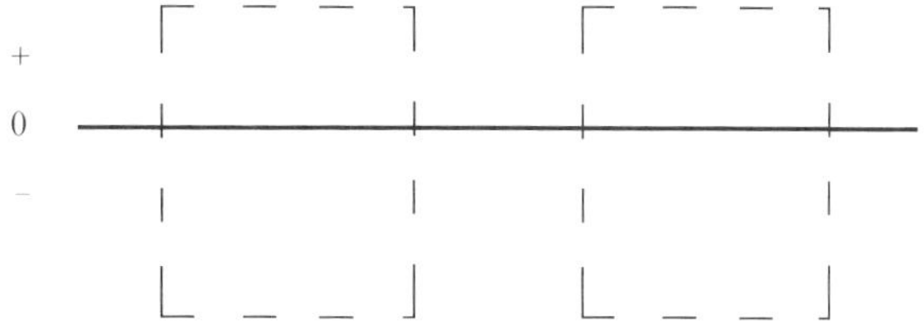

最大（间隙、过盈）＝
最小（间隙、过盈）＝

（2）孔：$\phi50^{+0.025}_{0}$ 轴：$\phi50^{+0.018}_{+0.002}$ （　　　）配合

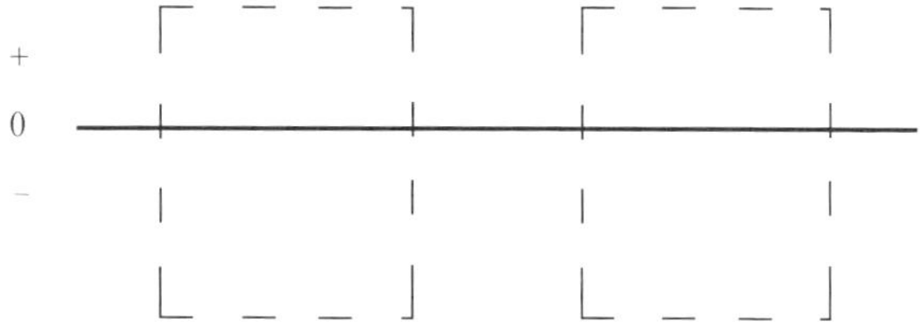

最大（间隙、过盈）＝
最小（间隙、过盈）＝

（3）孔：$\phi100^{-0.058}_{-0.093}$ 轴：$\phi100^{0}_{-0.022}$ （　　　）配合

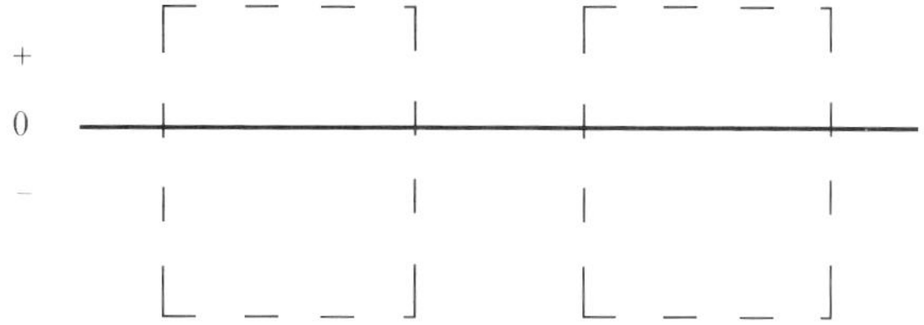

最大（间隙、过盈）＝
最小（间隙、过盈）＝

12－5　读图填空。

(1)根据如图所示尺寸标注填空。

①轴套对泵体孔 $\phi30H8/k7$ 中,公称尺寸________,基________制;公差等级:孔________级,轴________级,________配合。

②轴套对轴 $\phi20H7/f6$ 中,公称尺寸________;轴套的上偏差________,下偏差________;轴的上偏差________,下偏差________。

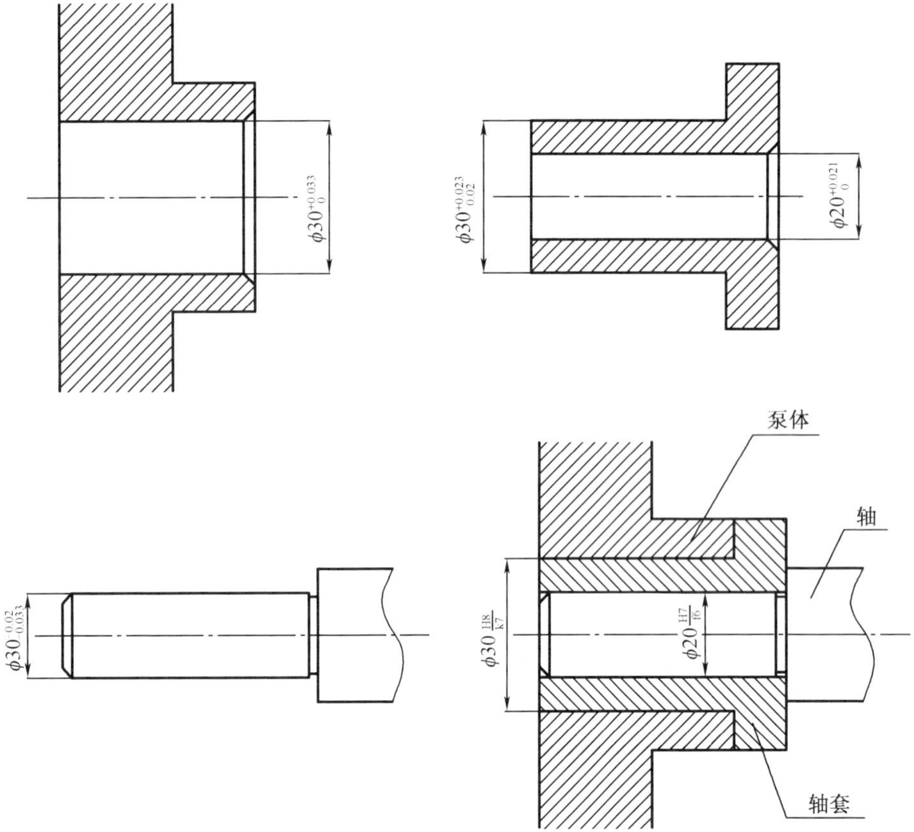

(2)根据装配图中的配合尺寸，在零件图中注出公称尺寸和上、下偏差数值，并填空说明属于何种配合制度和配合种类。

①轴和套的配合采用基________制，是________配合。

②套和座体的配合采用基________制，是________配合。

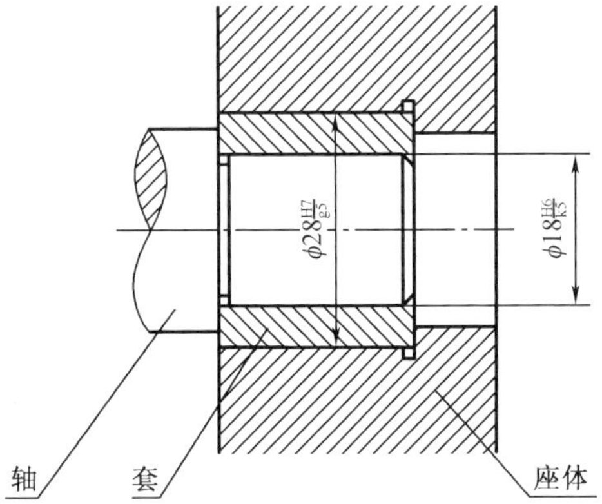

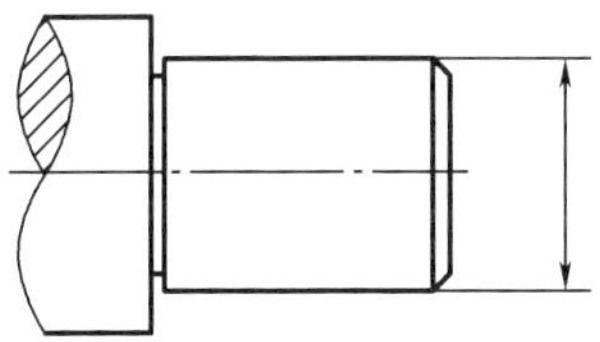

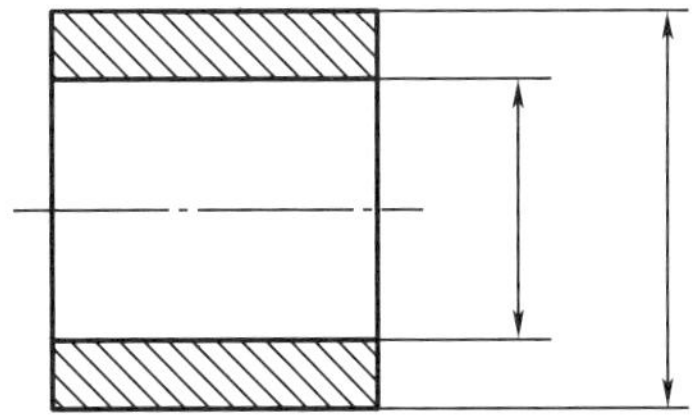

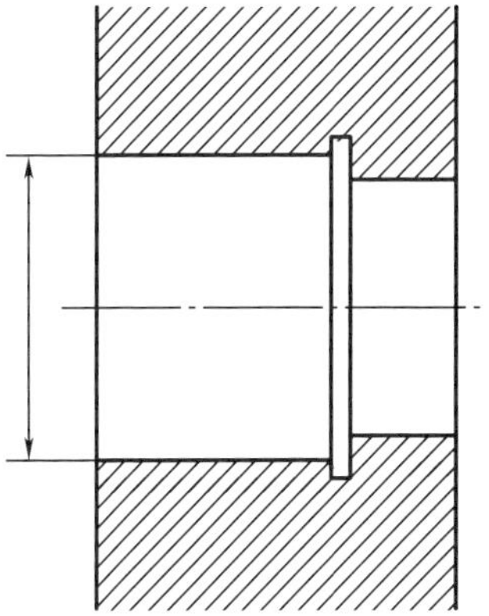

(3)根据零件图上标注的偏差数值,在装配图上标注出相应的配合代号。

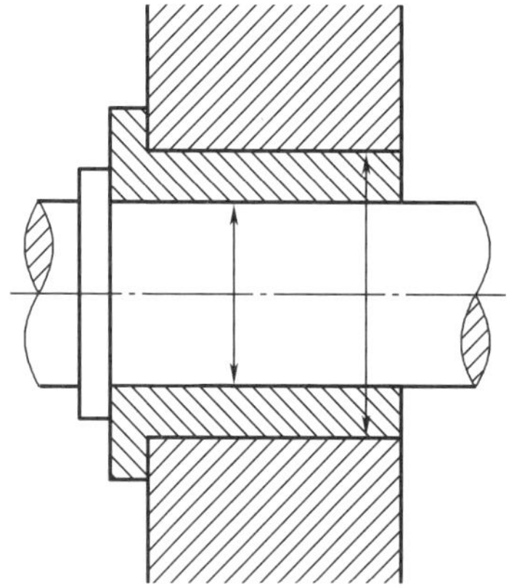

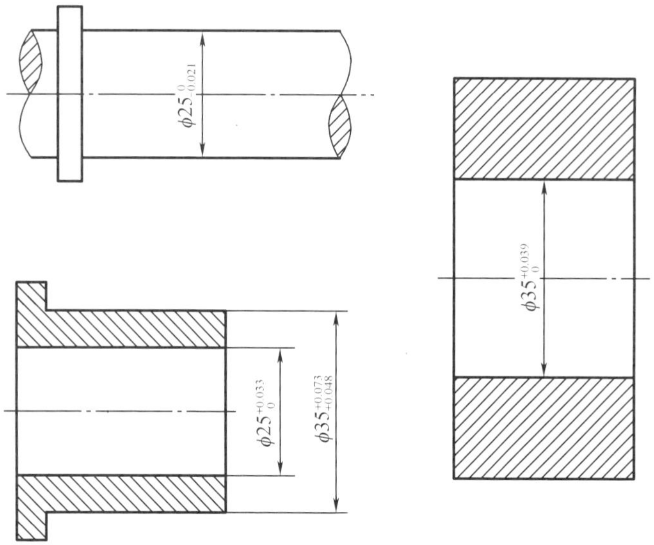

12－6　几何公差基本概念。

(1)形状公差的特征项目有____。

(2)位置公差的特征项目有____。

(3)图中被测孔的轴线对两槽的公共中心平面的对称度公差为0.08 mm,欲满足这一要求,下面哪一个框格是正确的?(　　)

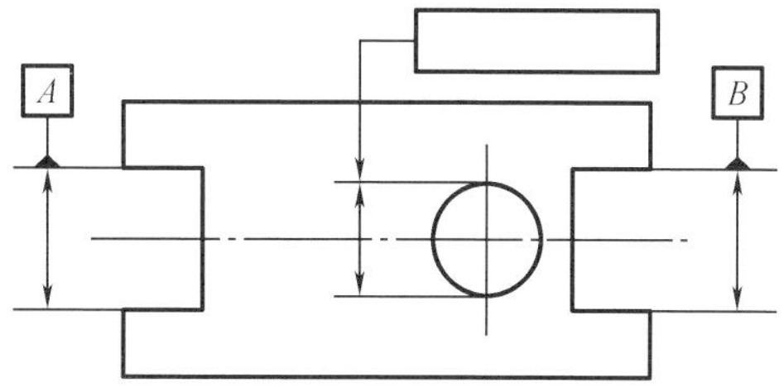

A. | ⌯ | 0.08 | *A* | *B* |

B. | ⌯ | 0.08 | *A*—*B* |

C. | ⌯ | 0.04 | *A*—*B* |

D. | ⌯ | 0.04 | *B*—*A* |

(4)按图中要求,应选哪一个符号填入框内的“*I*”处?(　　)

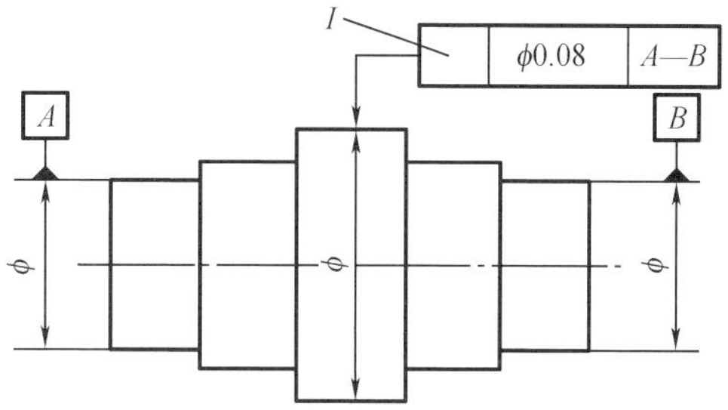

A. ↗　　B. ◎　　C. ⌰　　D. ⌯

(5)图形中上面孔的轴线对下面基准孔的轴线,在给定的方向上的平行度公差为 0.03 mm,下面的标注哪一个是正确的?(　　)

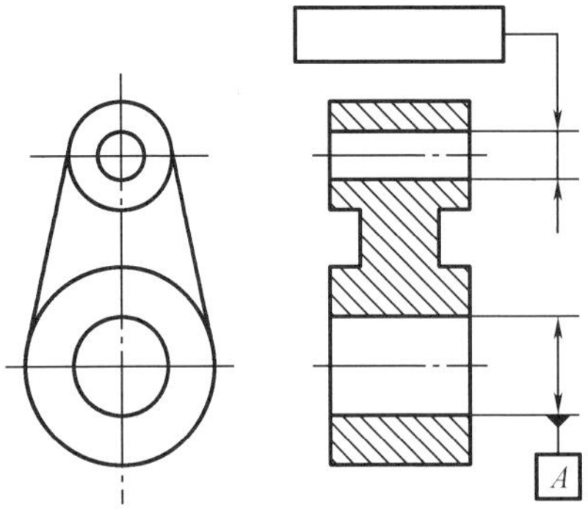

A. | // | ϕ0.015 |

B. | // | 0.06 |

C. | // | ϕ0.03 | A |

D. | // | 0.03 | A |

(6)根据国家标准,以下说法正确的是(　　)。

A. 线轮廓度和面轮廓度均属于形状公差

B. 线轮廓度和面轮廓度有基准要求时属于位置公差,没有基准要求时属于形状公差

C. 线轮廓度和面轮廓度均属于位置公差

D. 线轮廓度属于形状公差,面轮廓度属于位置公差

12－7　标注几何公差。

(1)ϕ50 圆柱面素线的直线度公差为 0.012 mm。

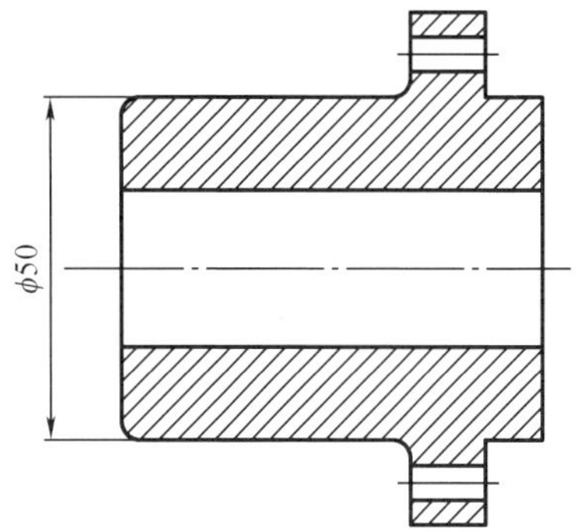

(2)顶面的平面度公差为 0.05 mm。

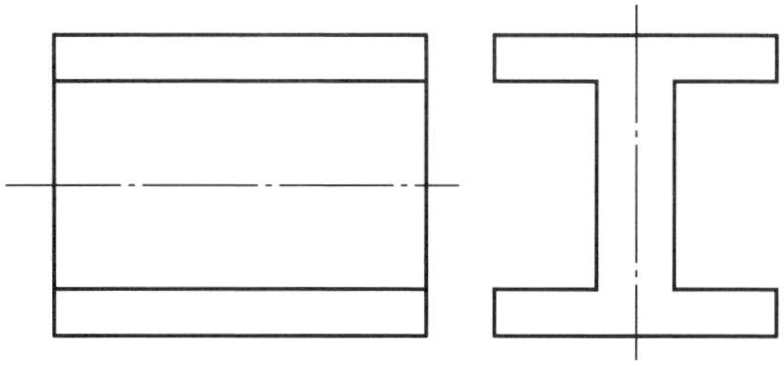

(3)用文字解释图中的几何公差(按编号 1,2,3 填写)。

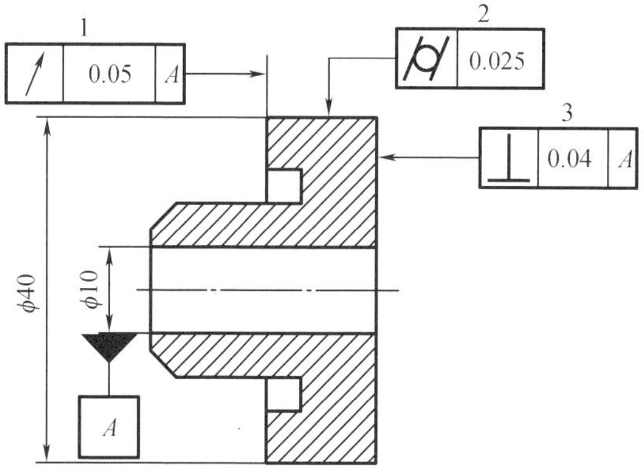

1. ____

2. ____

3. ____

(4)根据文字说明,在图中标注形位公差的符号和代号。

①ϕ40g6 的圆柱度公差为 0.03 mm。

②ϕ40g6 的轴线对 ϕ20H7 轴线的同轴度公差为 ϕ0.05 mm。

③右端面对 ϕ20H7 轴线的垂直公差为 0.15 mm。

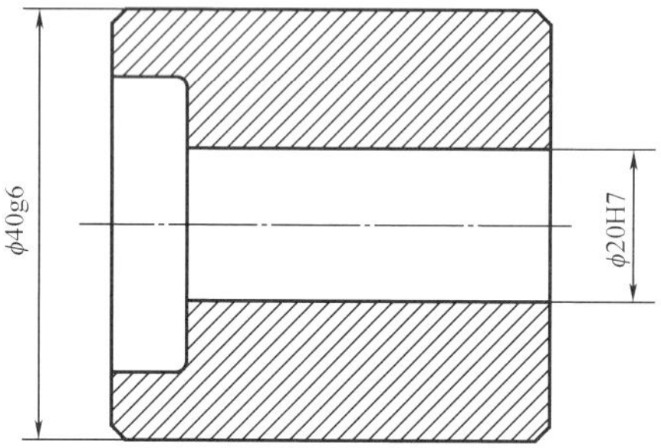

13 装配图

13－1 根据行程开关的装配示意图和零件图拼画装配图。

(1)行程开关的作用：行程开关是气动控制系统中的位置检测元件，能够将机械运动瞬间转变为气动控制信号。

(2)工作原理：在非工作情况下，阀芯(件1)在弹簧力的作用下，使发信口与气源口之间的通道封闭，而与泄流口接通；在工作情况下，阀芯在外力作用下克服弹簧力的阻力下移，打开发信通道，封闭泄流口，有信号输出；外力消失，阀芯复位。

(3)作业要求：根据行程开关的装配示意图以及后续零件图，在A2图纸上按1:1拼画齿轮油泵装配图。

零件目录

序号	名称	材料	数量	备注
1	阀芯	45	1	
2	螺母	H62	2	
3	O型密封圈	橡胶	1	GB/T 3452.1—1992
4	阀体	ZCuZn38	1	
5	O型密封圈	橡胶	1	GB/T 3452.1—1992
6	弹簧	65Mn	1	
7	O型密封圈	橡胶	1	GB/T 3452.1—1992
8	端盖	H62	1	
9	管接头	H62	2	
10	垫圈	橡胶	2	

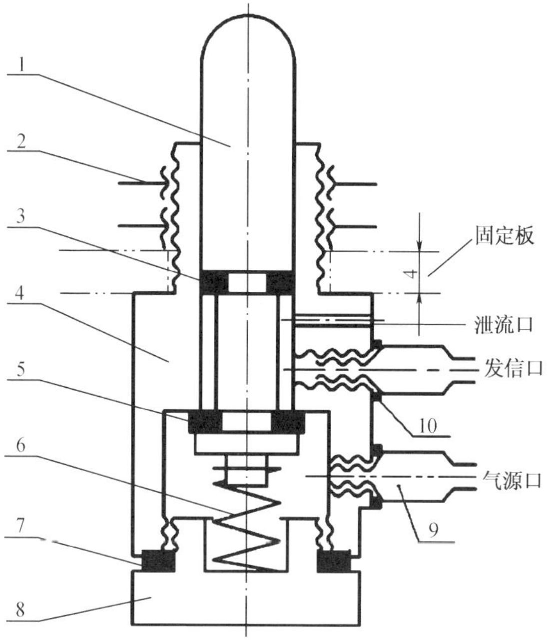

行程开关装配示意图

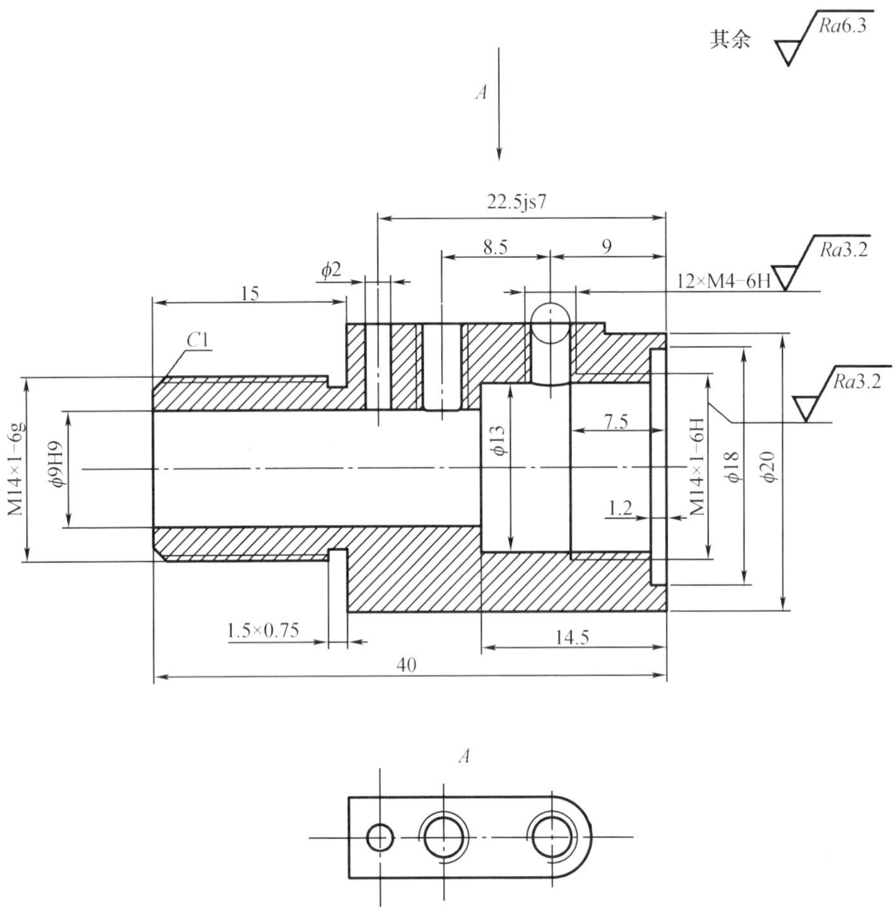

4	阀体	1	ZCuZn38	2∶1

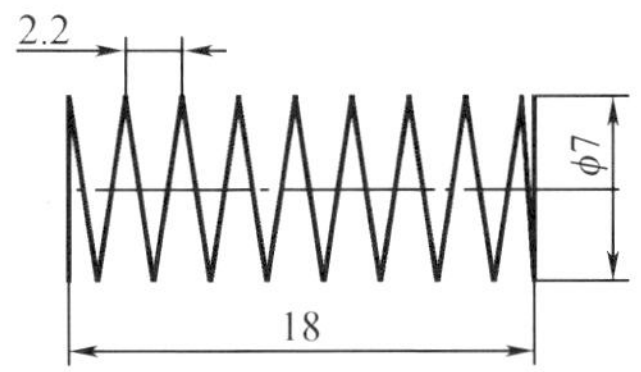

展开长度	170
旋向	右旋
有效圈数	n=6.5
总圈数	n_1=9

6	弹簧	1	65Mn	2∶1

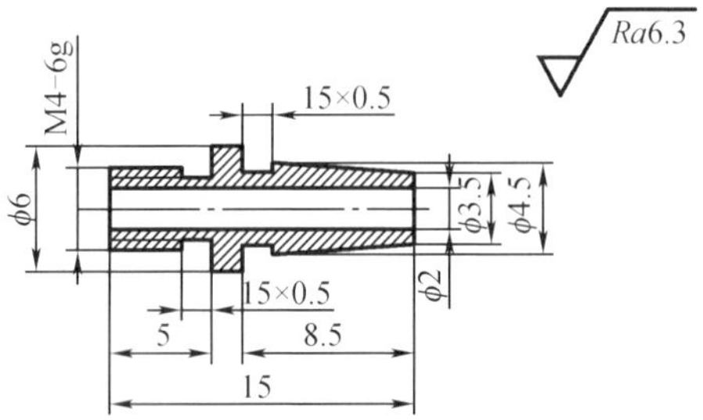

9	管接头	2	H6.2	2∶1

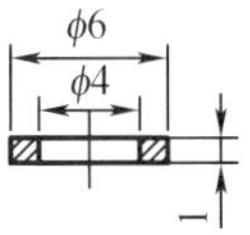

10	垫圈	1	橡胶	2∶1

 专业班级 姓名 学号 审阅

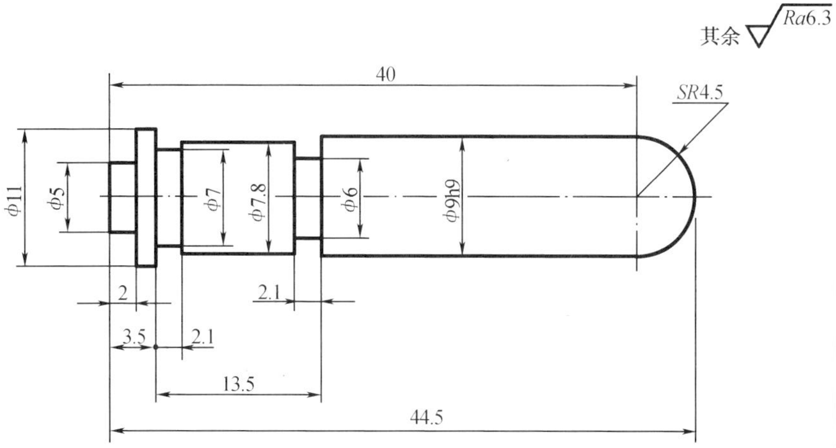

1	阀芯	1	45	2∶1

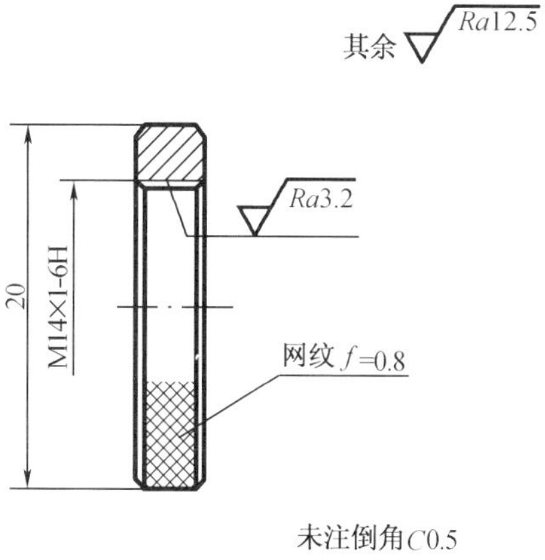

2	螺母	2	H62	2∶1

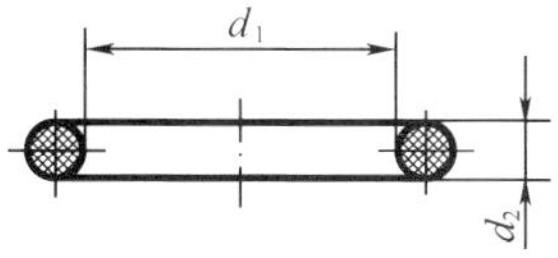

序号	3	5	7
d_1	φ6	φ8	φ14
d_2	φ1.8	φ1.8	φ2.65

3,5,7	O型密封圈	各1件	橡胶	2∶1

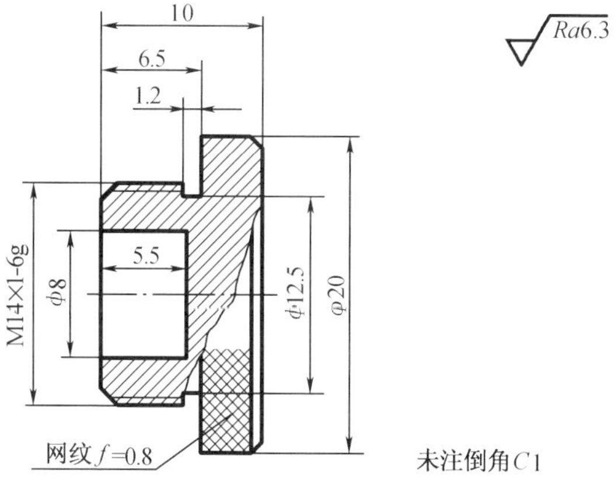

8	端盖	1	H62	2∶1

13－2　根据齿轮油泵装配示意图和零件图拼画装配图。

(1)齿轮油泵的作用：齿轮油泵是机器润滑系统的一个部件，它可提高机油的压力，实行压力润滑。

(2)齿轮油泵工作原理：泵体(件1)内容纳一对齿轮(件4)，齿轮通过销(件5)与主动轴(件6)、从动轴(件3)相连。主动轴的伸出端用键(件16)与带轮(件15)相连，带轮转动时，带动一对齿轮按工作原理图(件4*E*向)所示的箭头方向旋转，机油经过进油口*A*流进油腔*B*内，将齿槽空腔充满。齿轮旋转时，齿槽内的油便沿着孔壁输送到出油腔*C*内，经出油口*D*流出。通过这种挤压的作用，提高了机油的压力。

(3)作业要求：根据齿轮油泵的装配示意图以及后续零件图，在A2图纸上按1:1比例拼画齿轮油泵装配图。

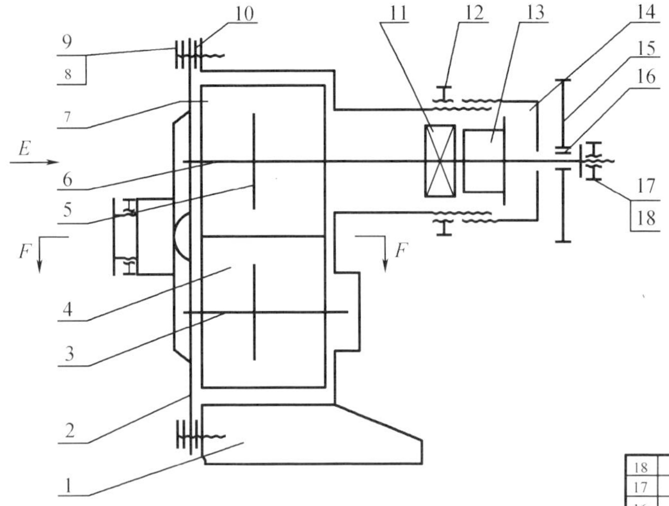

件4E向(两齿轮啮合)

工作原理：油的流向是$A \to B \to C \to D$

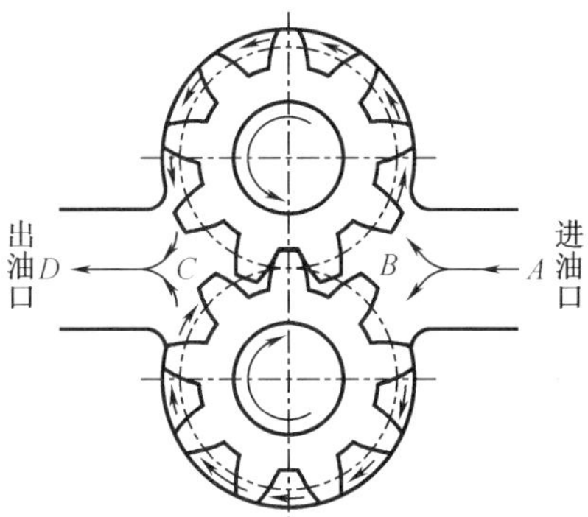

F—F

调压装置在泵盖内

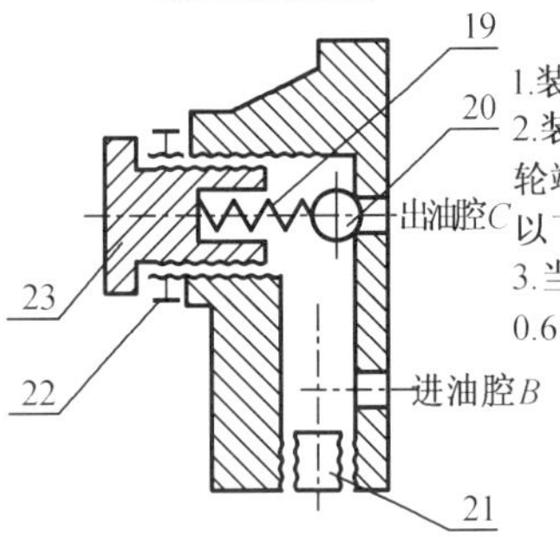

技术要求：

1.装配后转动灵活，无阻滞现象；

2.装配时调整垫片厚度，保证齿轮端面与泵盖的间隙在0.05 mm以下；

3.当转速为1 850 r/min，压力为0.6 MPa时，流量为50 L/min。

序号	代号	名称	数量	材料	单价	总计	备注
23	P09-02-14	调压螺母	1	35			
22	P09-02-13	锁紧螺母Ⅱ	1	35			
21	GB/T 73—1985	螺钉M12×16	1	Q235A			
20	GB/T 308—2002	钢球ϕ12	1	GCr6			
19	P09-02-12	弹簧	1	65Mn			
18	GB/T 97.1—2002	垫圈10	1	Q235A			
17	GB/T 6170—2000	螺母M10	1	Q235A			
16	GB/T 1096—2003	键5×5×16	1	45			
15	P09-02-11	带轮	1	HT150			
14	P09-02-10	压盖螺母	1	35			
13	P09-02-09	填料压盖	1	35			
12	P09-02-08	锁紧螺母Ⅰ	1	35			
11	P09-02-07	填料	1	3002			橡胶
10	P09-02-06	垫片	1	工业用纸			
9	GB/T 93—1987	垫圈6	6	65Mn			
8	GB/T 5782—2000	螺栓M6×18	6	Q235			
7	GB/T 119.1—2000	圆柱销4m6×14	2	45			
6	P09-02-05	主动轴	1	45			
5	GB/T 117—2000	圆锥销4×32	2	45			
4	P09-02-04	齿轮	2	45			
3	P09-02-03	从动轴	1	45			
2	P09-02-02	泵盖	1	HT200			
1	P09-02-01	泵体	1	HT200			
序号	代号	名称	数量	材料	单价 重量	总计 重量	备注

标记	处数	分区	更改文件号	签名	年、月、日	规格1/4 in	1/4 in齿轮油泵
设计			标准化			阶段标记	重量	比例
制图							
审核							
工艺			批准			共 张 第 张	(投影代号)

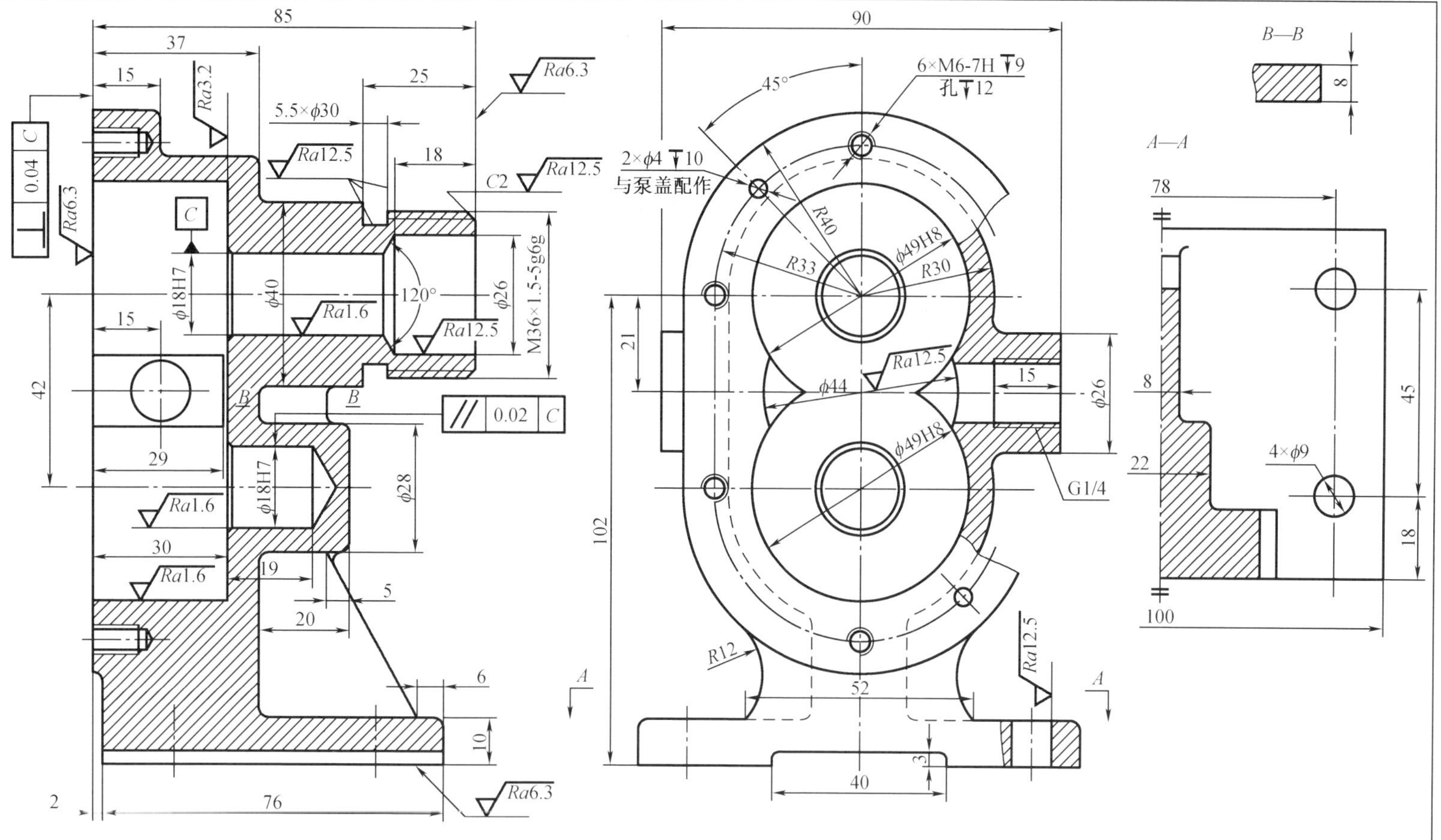

技术要求:

1.未注倒角C1, $\sqrt{Ra12.5}$;

2.铸造圆角R2~R3;

3.铸件需时效处理。

$\sqrt{Ra50}$ (√)

标记	处数	分区	更改文件号	签名	年、月、日	HT200		
设计		标准化				阶段标记	质量	比例
制图								1∶1
审核								泵体
工艺		批准				共 张 第 张		(投影代号)

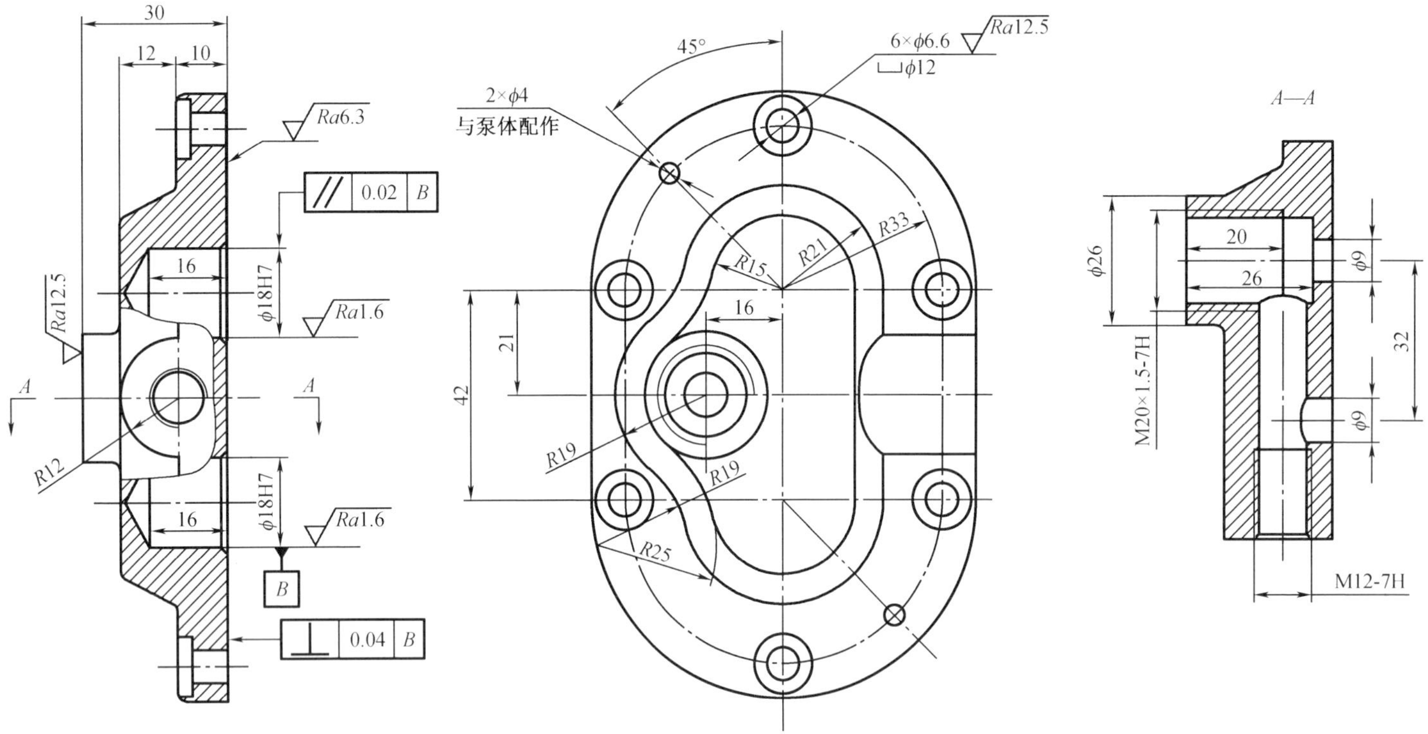

技术要求：

1.未注倒角C1,未注加工面 Ra12.5；

2.铸造圆角R2~R3；

3.铸件需时效处理。

Ra50 (√)

						HT200		
标记	处数	分区	更改文件号	签名	年、月、日			泵盖
设计			标准化			阶段标记	质量	比例
制图								1∶1
审核								
工艺			批准			共 张 第 张		(投影代号)

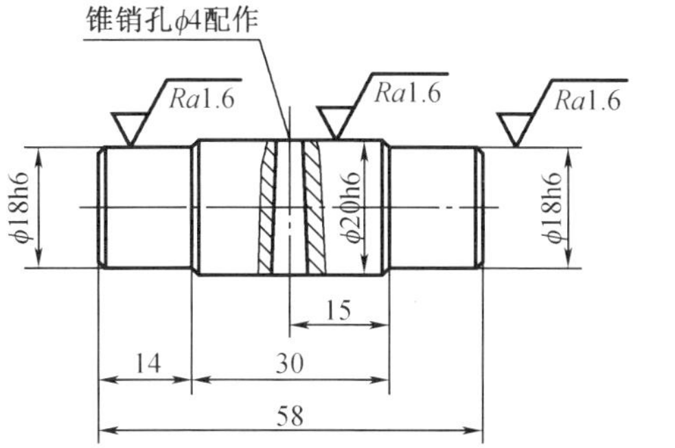

技术要求:
未注倒角C1。

Ra6.3 (√)

3	P09-02-03	名称	45	1∶1
件号	代号	从动轴	材料	比例

模数	m	3.5
齿数	z	12
压力角	α	20°

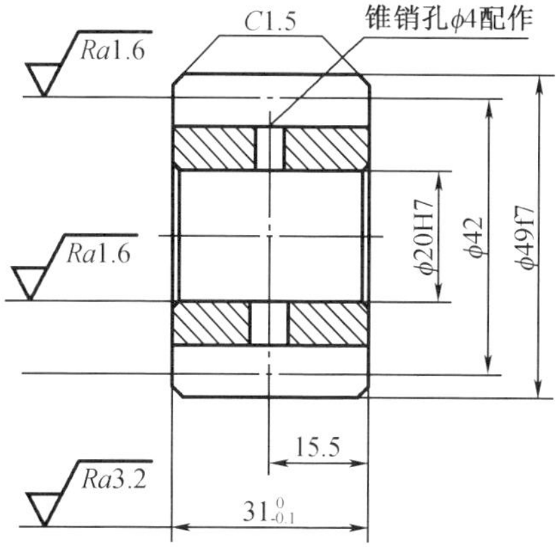

技术要求:
1.未注倒角C1;
2.轮齿齿缘去毛刺。

Ra12.5 (√)

4	P09-02-04	齿轮	45	1∶1
件号	代号	名称	材料	比例

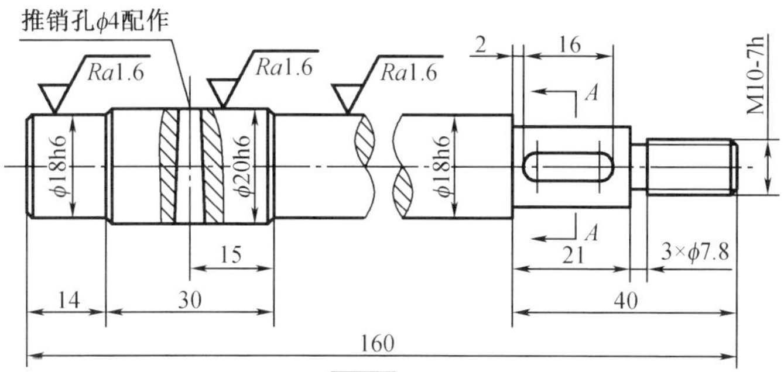

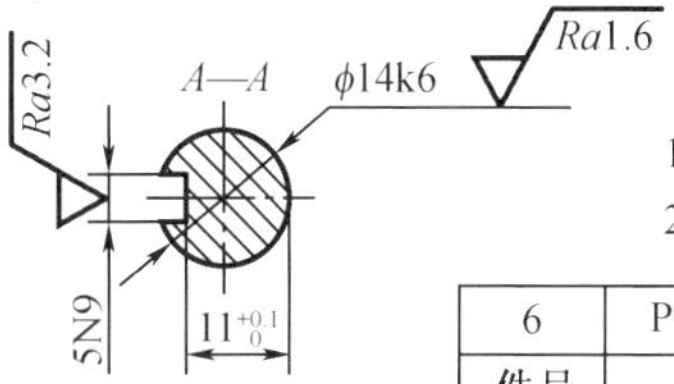

技术要求:
1.未注倒角C1;
2.锐角倒钝。

Ra6.3 (√)

6	P09-02-05	主动轴	45	1∶1
件号	代号	名称	材料	比例

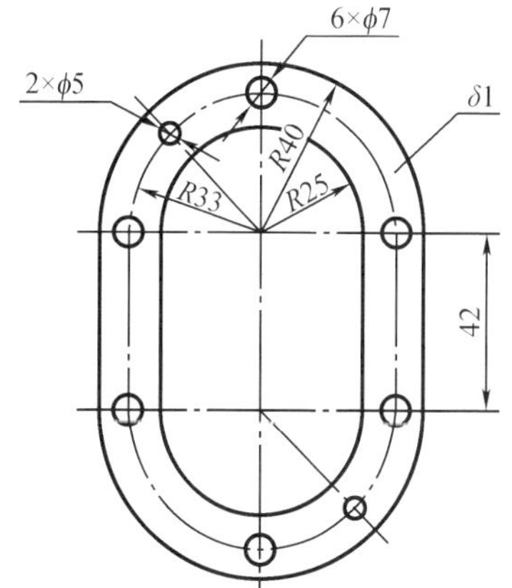

10	P09-02-06	垫片	工业用纸	1∶2
件号	代号	名称	材料	比例

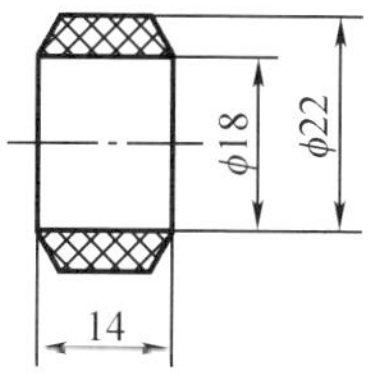

11	P09-02-07	填料	3002	1∶1
件号	代号	名称	材料	比例

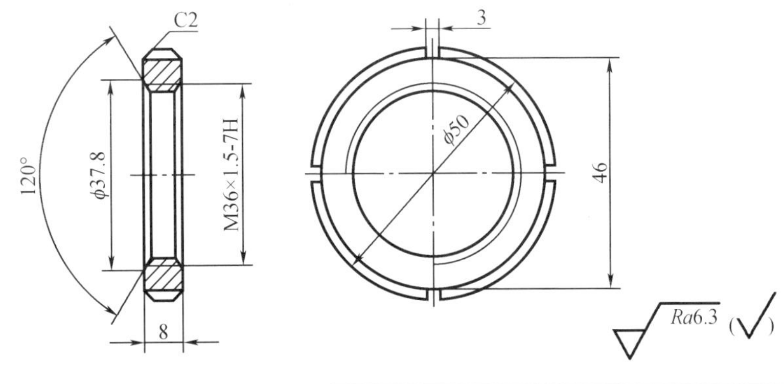

12	P09-02-08	锁紧螺母 I	35	1∶1
件号	代号	名称	材料	比例

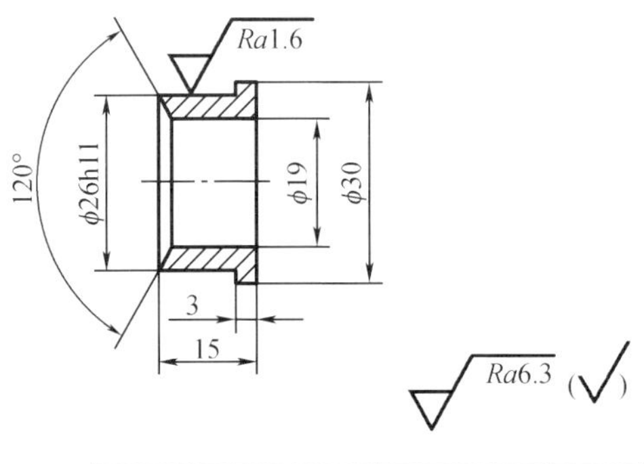

13	P09-02-09	填料压盖	35	1∶1
件号	代号	名称	材料	比例

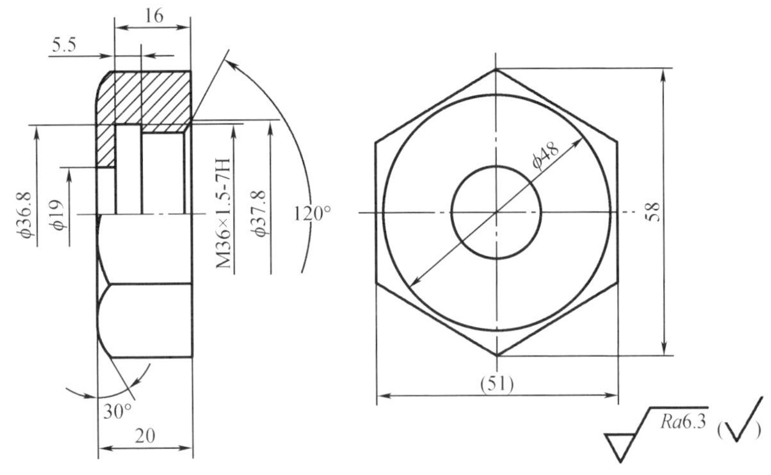

14	P09-02-10	压盖螺母	35	1∶1
件号	代号	名称	材料	比例

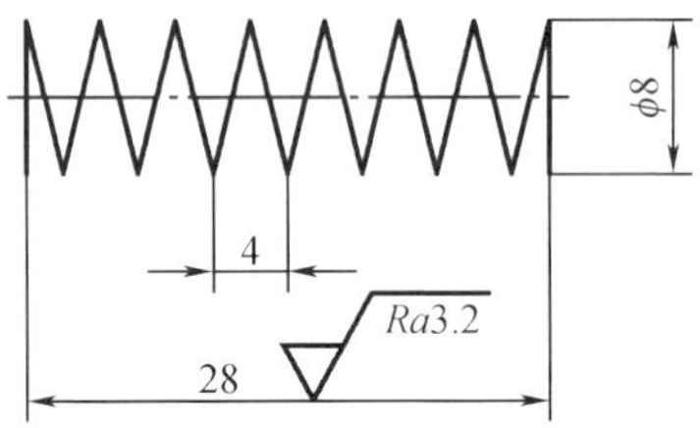

技术要求

簧丝直径	d	1
旋向	左	
总圈数	n_1	9
有效圈数	n	6.5
展开长度	L	68

Ra6.3 (√)

19	P09-02-12	弹簧	65Mn	1∶1
件号	代号	名称	材料	比例

 专业班级 姓名 学号 审阅

齿轮油泵零件图(五)

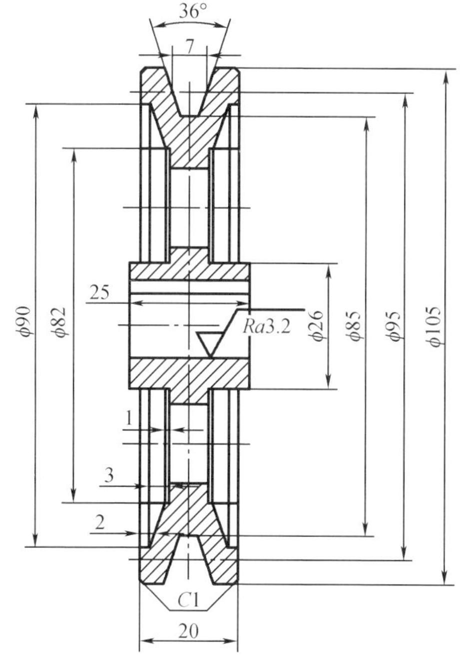

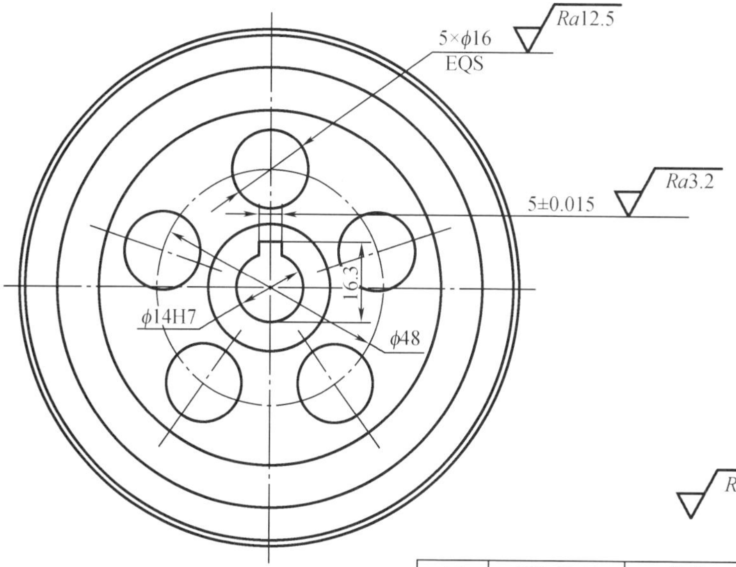

15	P09-02-11	带轮	HT150	1∶1
件号	代号	名称	材料	比例

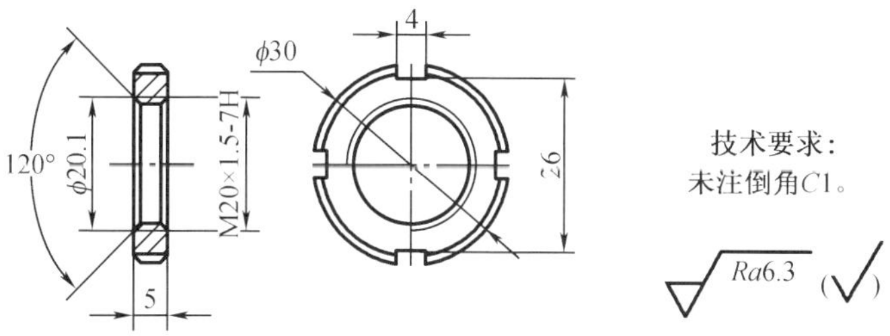

技术要求：
未注倒角C1。

22	P09-02-13	锁紧螺母Ⅱ	35	1∶1
件号	代号	名称	材料	比例

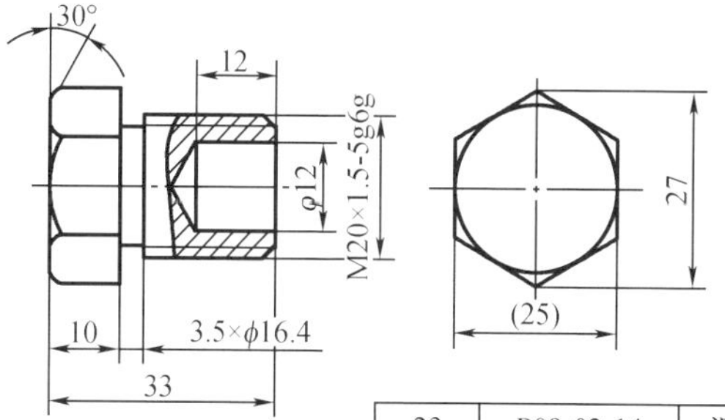

技术要求：
未注倒角C1。

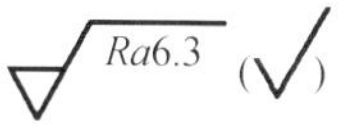

23	P09-02-14	调压螺母	35	1∶1
件号	代号	名称	材料	比例

13-3　读三孔钻模装配图并回答问题。

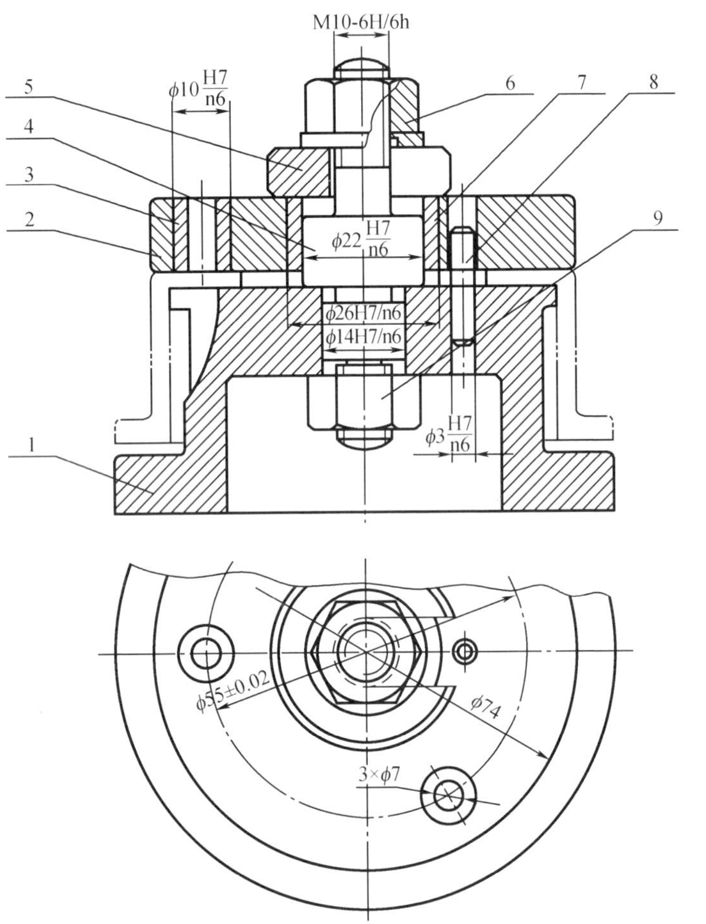

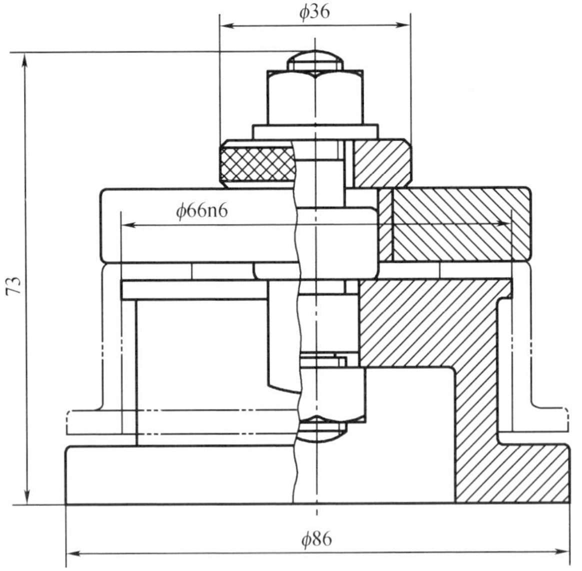

序号	代号	名称	数量	材料	单件质量	总计质量	备注
9	GB/T 6170—2000	螺母M10	1	35			
8	GB/T 119.1—2000	销3×28	1	45			
7	P09-04-07	衬套	1	45			
6	P09-04-06	特制螺母	1	35			
5	P09-04-05	开口垫圈	1	45			
4	P09-04-04	轴	1	45			
3	P09-04-03	钻套	1	T8			
2	P09-04-02	钻模板	1	45			
1	P09-04-01	底座	1	HT200			

标记	处数	分区	更改文件号	签名	年、月、日	规格3×ϕ7	三孔钻模
设计			标准化			阶段标记 / 质量 / 比例	
制图						1.5∶1	
审核							
工艺			批准			共　张　第　张	(投影代号)

　专业班级　　　　姓名　　　　学号　　　　审阅

(1)三孔钻模的用途和工作原理。

①用途:用于装夹、定位工件(双点画线所示),便于钻头在工件上钻出均匀分布于圆周上的三个孔。

②工作原理:将工件装在钻模上,即可用钻头钻出三个均匀分布的孔。在钻完之后旋松特制螺母(件6),取出开口垫圈(件5),即可将钻模板(件2)取出,从而拿出工件。

(2)读图填空题。

①图中双点画线表示________零件,该零件上有________处需要钻孔。

②圆柱销(件8)的作用是固定件________与件________的相对位置。

③图中:73 属于________尺寸;3 × ϕ7 属于________尺寸;M10 - 6H/6h 属于________尺寸;ϕ10H7/n6 属于________尺寸。

④钻模板(件2)与钻套(件3)配合尺寸 ϕ10H7/n6 的含义:基________制,________配合,其中孔的公差带代号为________,轴的公差带代号为________。在下方图中注出相应的尺寸和偏差值。

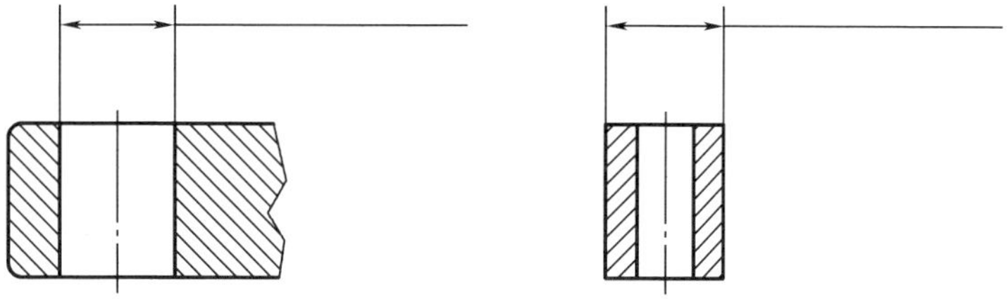

⑤件9的规定标记是________,并将相关尺寸填入下图。

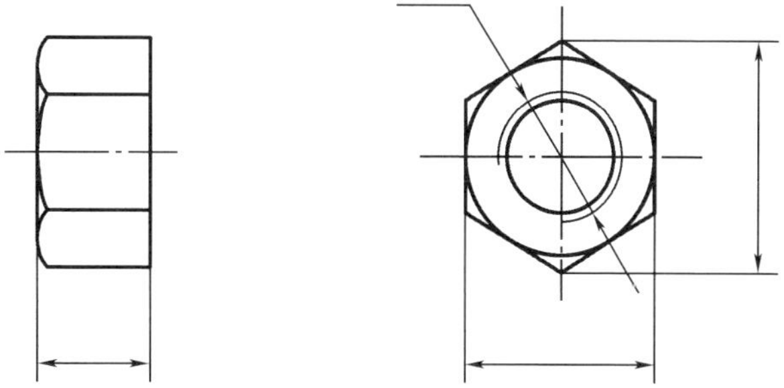

(3)按照原图比例拆画底座(件1)的零件图。

要求:

①标注零件的全部尺寸,有公差的尺寸注出偏差值。

②零件图中的表面结构要求:

ϕ14H7 和 ϕ3H7 孔面	Ra3.2
ϕ66n6 上端面	Ra6.3
除底面外的其余加工面	Ra12.5
底面	Ra25
其余不加工面	Ra50

③零件图中需要标注的几何公差:

a. ϕ66n6 上端面相对于底面的平行度公差为 0.05 mm;

b. ϕ14H7 孔的轴线相对于底面的垂直度公差为 ϕ0.08 mm。

④技术要求书写内容:

a. 铸件需时效处理;

b. 铸造圆角为 $R2 \sim R3$。

⑤绘制图框,并正确填写标题栏。

13-4　读安全阀装配图并回答问题。

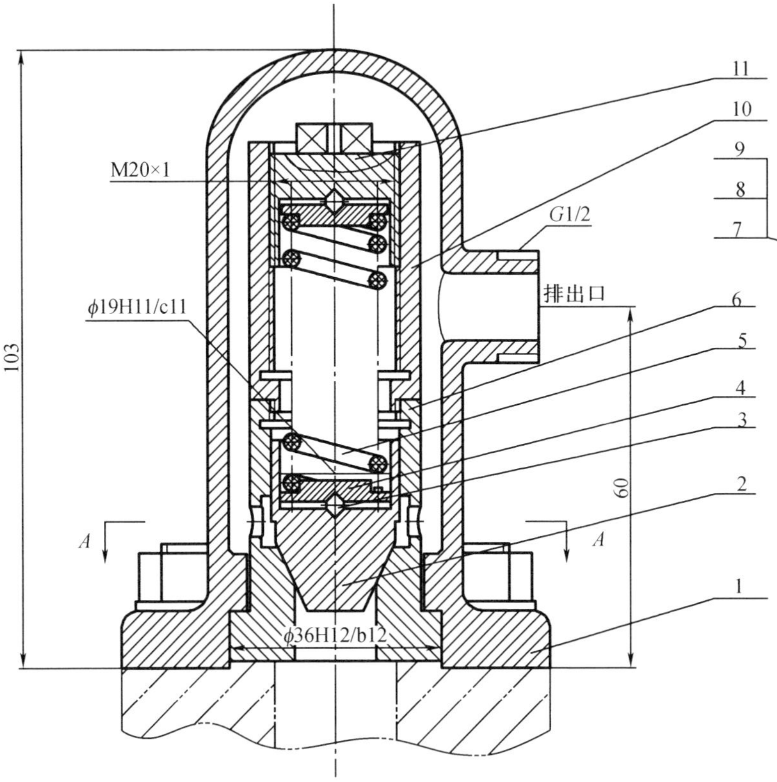

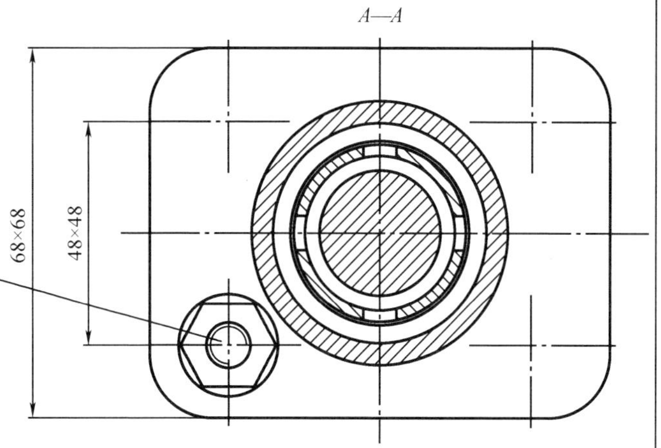

明细栏全部内容见下一页

序号	代号	名称	数量	材料	备注
8	GB/T 6170	螺母M8	4	Q235A	
7	GB/T 898	螺母M8×20	4	Q235A	
6		阀体	1	3Cr13	
5		弹簧	1	65Mn	
4		弹簧座	2	Q235A	
3		钢球	2	Cr15	
2		阀瓣	1	3Cr13	
1		阀罩	1	3Cr13	

标记	处数	分区	更改文件名	签名	年月日		(单位名称)
设计			标准化			阶段标记　质量　比例	安全阀
审核						1∶1	
工艺			批准			共　张　第　张	图号

安全阀工作原理：

安全阀是一种安全装置，装在容器或管路上，可防止气体或液体等介质的压力超过限定数值。阀瓣（件 2）被弹簧（件 5）压在阀体（6）上，弹簧压力的大小可以由调节座（件 11）来调节，当容器内部压力超过限定数值时，阀瓣（件 2）被顶起，介质进入阀罩（件 1）的内腔，经管口排出，当内部压力下降时，则弹簧又将阀瓣压在阀体的锥面上。

根据安全阀装配图及工作原理回答下列问题：

(1) 本装配图共用________个图形表示，A—A 断面表示________和________之间的装配关系。

(2) 安全阀由________种零件组成，其中标准件有________种。

(3) 安全阀的规格尺寸为________，图中标记 G1/2 的含义是：G 是代号，它表示________螺纹，1/2 是________代号。

(4) 图中螺柱 M8 × 20 的作用是________，它的含义是________。

(5) 代号 ϕ36H12/b12 的基本尺寸是________，该配合是基________制，轴的公差带代号是________，孔的公差带代号是________，最小间隙是________。

安全阀装配图的明细栏

11		调节座	1	Q235A	
10		弹簧箱	1	Q235A	
9	GB/T 97.1	垫圈	4	Q235A	
8	GB/T 6170	螺母M8	4	Q235A	
7	GB/T 898	螺母M8×20	4	Q235A	
6		阀体	1	3Cr13	
5		弹簧	1	65Mn	
4		弹簧座	2	Q235A	
3		钢球	2	Cr15	
2		阀瓣	1	3Cr13	
1		阀罩	1	3Cr13	
序号	代号	名称	数量	材料	备注

标记	处数	分区	更改文件名	签名	年月日				(单位名称)
设计			标准化			阶段标记	质量	比例	安全阀
								1:1	
审核									图号
工艺			批准			共 张 第 张			

13-5 读活塞泵装配图并回答问题。

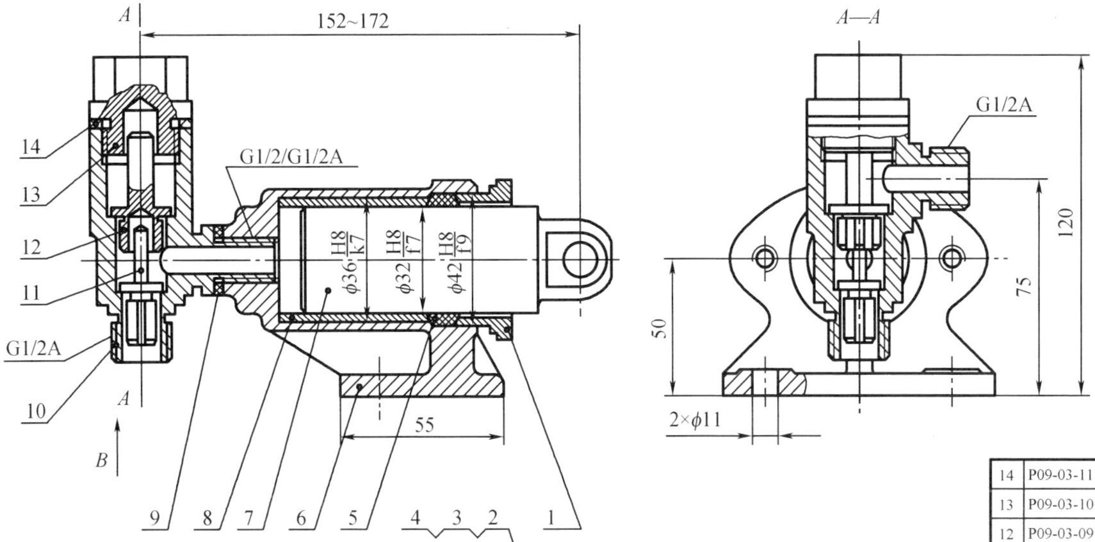

技术要求：

1.装配后活塞的运动应轻松正常；
2.在5个大气压下不应渗漏。

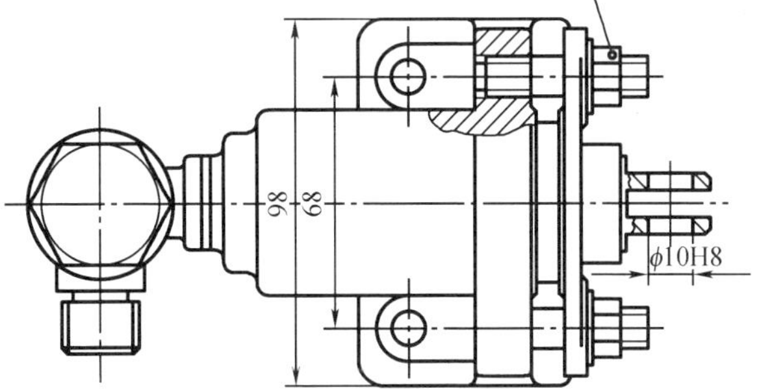

件12B向

件11B向

序号	代号	名称	数量	材料	单件质量	总计质量	备注
14	P09-03-11	垫片	1	橡皮			
13	P09-03-10	螺塞	1	HT200			
12	P09-03-09	阀瓣Ⅱ	1	ZChPbSb15-5			
11	P09-03-08	阀瓣Ⅰ	1	ZchPbSb15-5			
10	P09-03-07	管接头	1	HT200			
9	P09-03-06	垫圈	1	橡皮			
8	P09-03-05	衬套	1	ZchPbSb15-5			
7	P09-03-04	活塞	1	45			
6	P09-03-03	泵体	1	HT200			
5	P09-03-02	填料	1	石棉绳			
4	GB/T 97.1—2002	垫圈10	2	Q235A			
3	GB/T 6170—2000	螺母M10	2	Q235A			
2	GB/T 899—1988	螺柱M10×35	2	Q235A			
1	P09-03-01	填料压盖	1	HT200			

标记	处数	分区	更改文件号	签名	年、月、日	规格G1/2A	活塞泵
设计			标准化			阶段标记 / 质量 / 比例 1∶1.5	
制图							
审核							
工艺			批准			共 张第 张	（投影代号）

(1)活塞泵的用途和工作原理。

①用途:活塞泵在管路中用以输送一定流量的液体。

②工作原理:当活塞(件 7)由左向右移动时,泵体内腔形成真空,阀瓣Ⅰ(件 11)打开,液体由管接头(件 10)的下口流入泵体(件 6)。当活塞由右向左移动时,泵体内液体压力增加,使阀瓣Ⅱ(件 12)打开,这时阀瓣Ⅰ(件 11)关闭,液体由管接头(件 10)的前口压出。如此反复,输送一定压力的液体。

衬套(件 8)、活塞(件 7)和泵体(件 6)之间装有填料(件 5),并用填料压盖(件 1)借助两螺柱(件 2)、螺母(件 3)压紧填料,以防液体泄漏,垫圈(件 9)和垫片(件 14)也是为防漏而设置的。

(2)读活塞泵装配图回答下列问题:

①该部件共有________个零件,其中标准件有________个。

②阀瓣Ⅰ的作用是____。

③说明活塞(件 7)与衬套(件 8)配合处代号 $\phi 32H8/f7$ 的含义:基________制,________配合,其中孔的公差带代号为________,轴的公差带代号为________。在下图中注出相应的尺寸和偏差值。

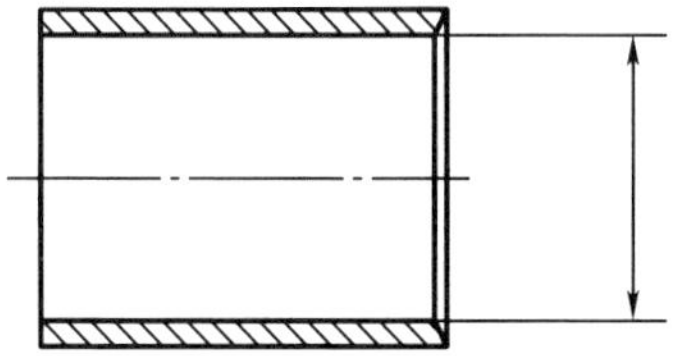

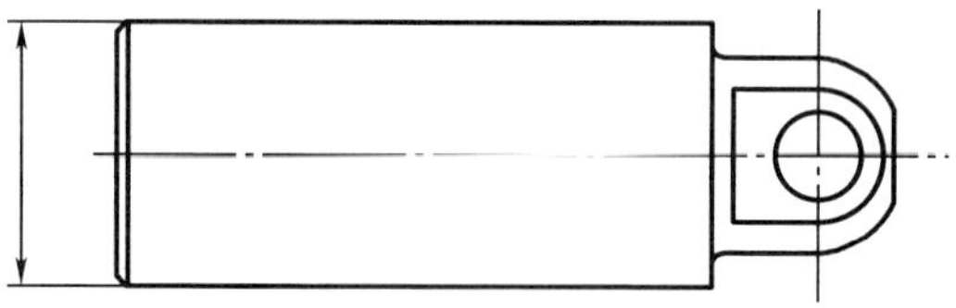

③图中:$\phi 36H8/k7$ 属于________尺寸;120 属于________尺寸;68、$2\times\phi 11$ 属于________尺寸;G1/2A(主、左视图中)属于________尺寸。

④查出有关尺寸填入下图。

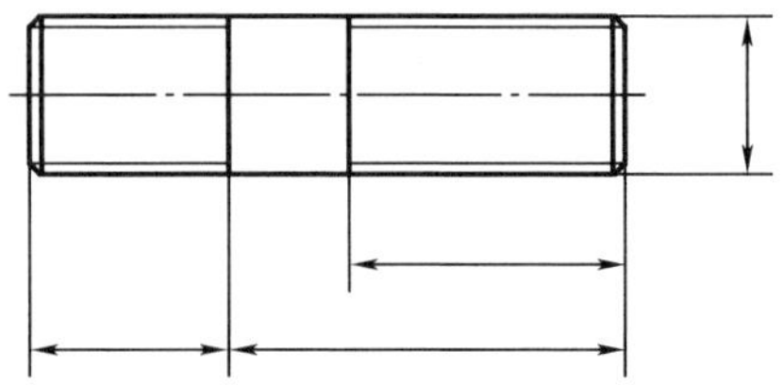

件 2:螺柱 GB/T 899 M10×35

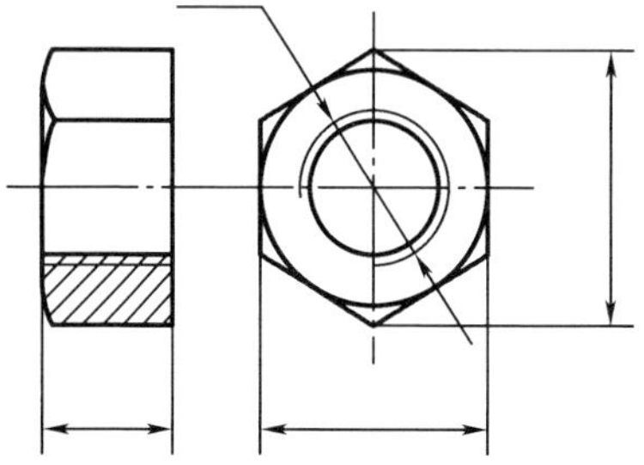

件 3:螺母 GB/T 6170 M10

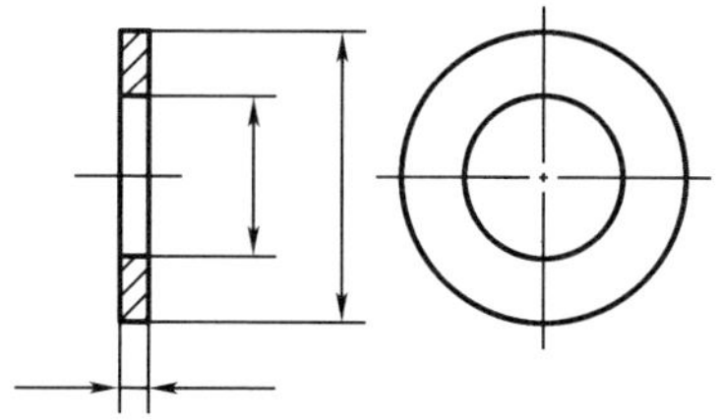

件 4:垫圈 GB/T 97.1 10

(3)按原图比例拆画泵体(件 6)的零件图。

①选择适当的零件图表达方法进行绘制。

②标注零件的全部尺寸,有公差的尺寸注出偏差值。

③零件图中需标出的表面结构要求如下:

a. ϕ36H8 孔面、ϕ42H8 孔面为加工表面,粗糙度要求为 Ra3.2。

b. ϕ42H8 孔的右端面、G1/2A 孔的左端面为加工表面,粗糙度为 Ra6.3。

c. 其余加工表面 Ra12.5。

d. 其余为不加工表面,粗糙度要求为 Ra25。

④几何公差标注:

a. ϕ36H8 孔面的圆柱度为 0.015。

b. ϕ36H8 轴线相对于底板底面的平行度公差为 0.08。

⑤技术要求:

a. 铸件需经时效处理。

b. 铸造圆角为 $R3 \sim R4$。

⑥绘制图框,正确填写标题栏。

14－1 绘图命令(用 AutoCAD 绘图命令绘制下列图形)。

(1)

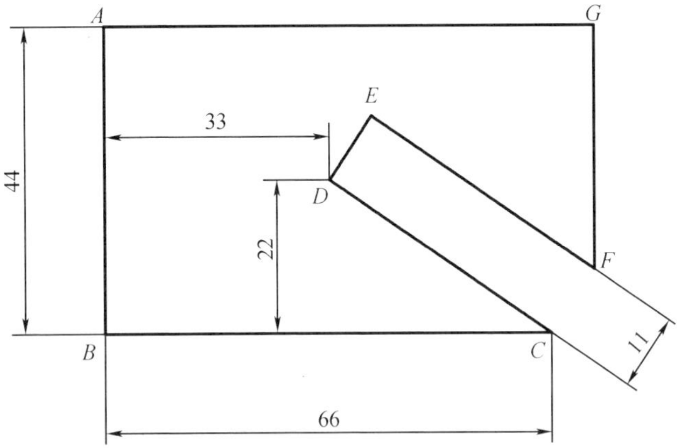

(2)

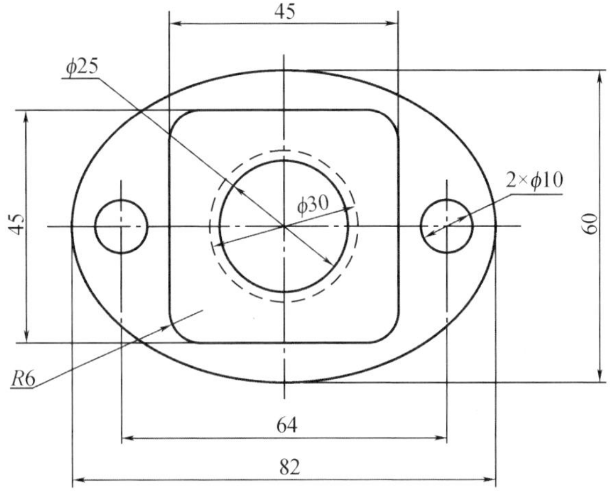

(3)

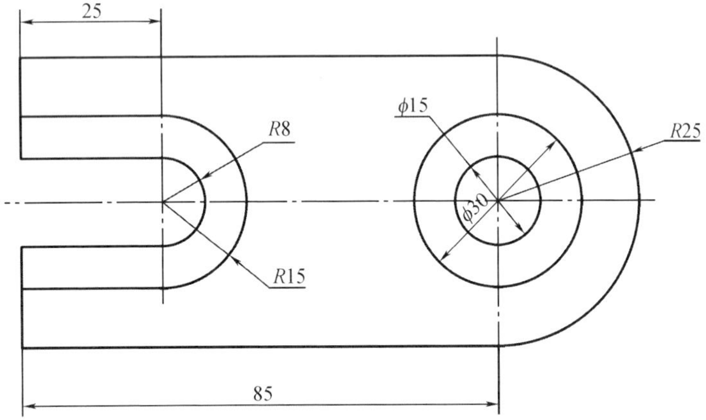

(4)

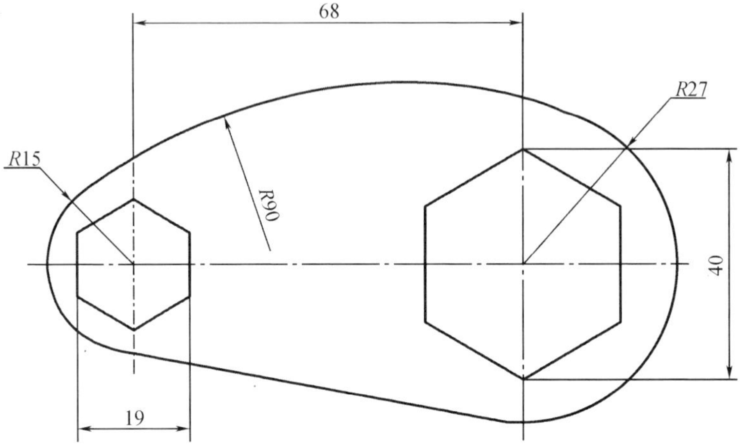

 专业班级 姓名 学号 审阅

14 - 2　编辑命令(用 AutoCAD 常用的图形编辑命令绘制下列图形)。

(1)

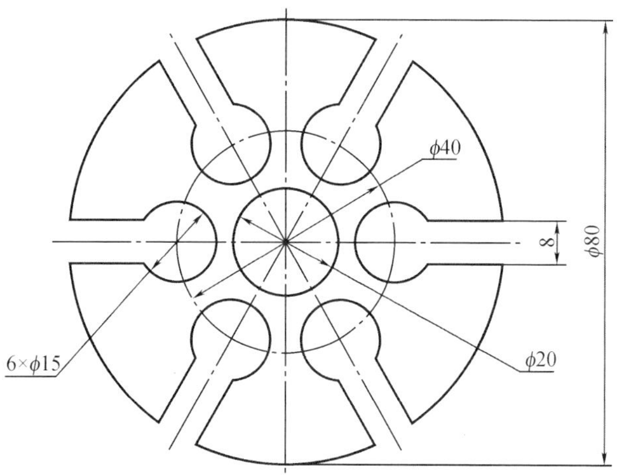

(2)

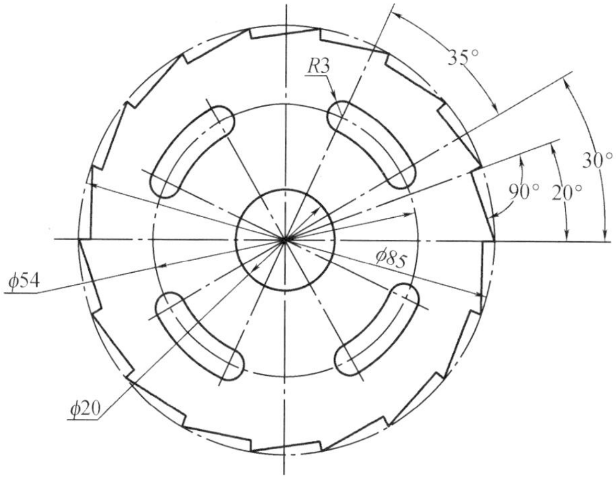

(3)

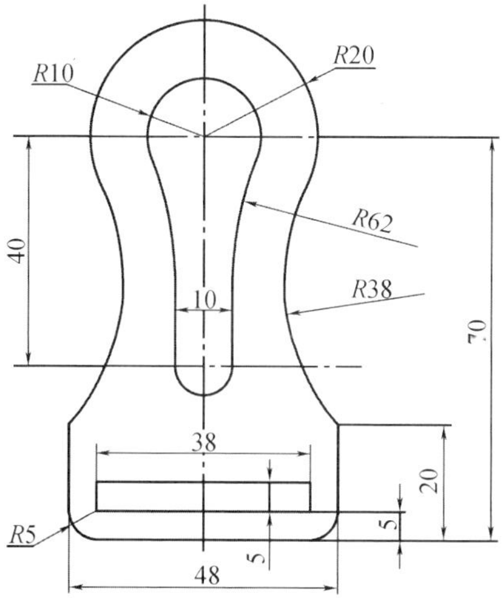

(4)

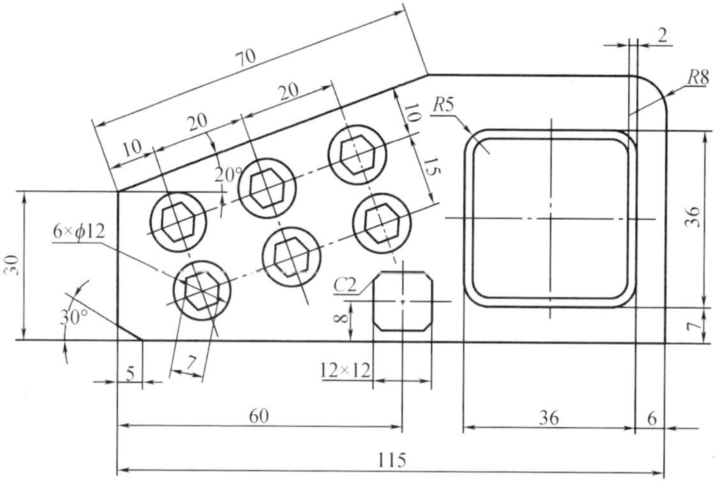

14－3　尺寸标注(用 AutoCAD 标注尺寸)。

(1)

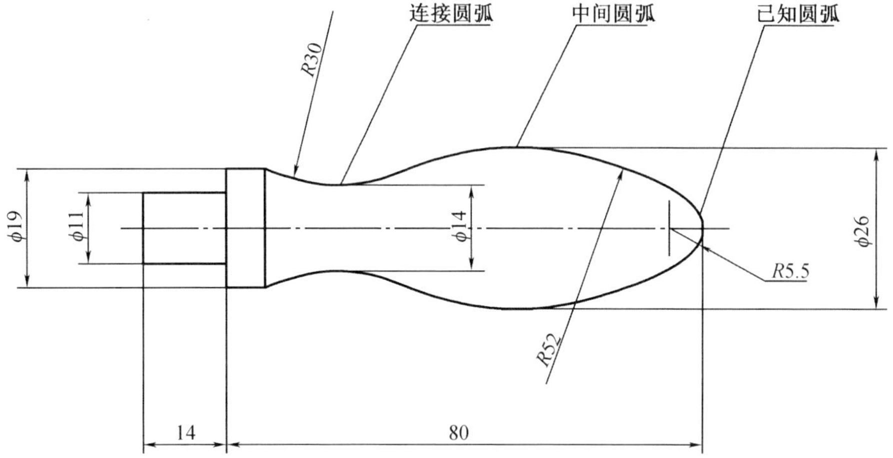

(2)

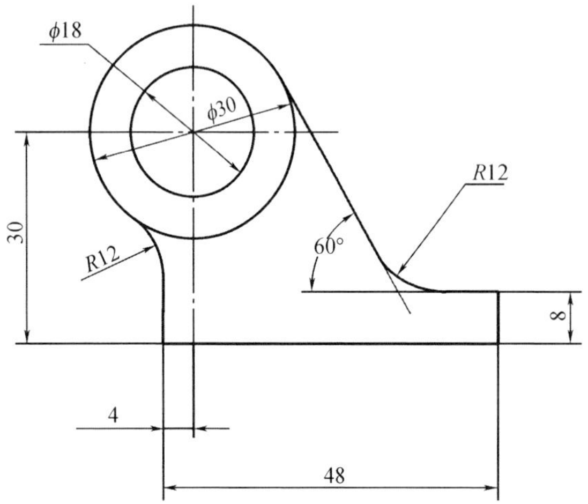

14 -4　剖视图(用 AutoCAD 绘制剖视图)。

(1)

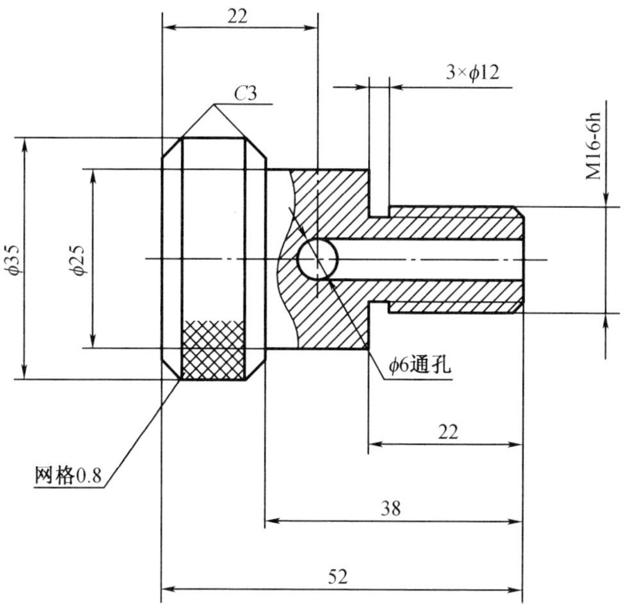

(2)

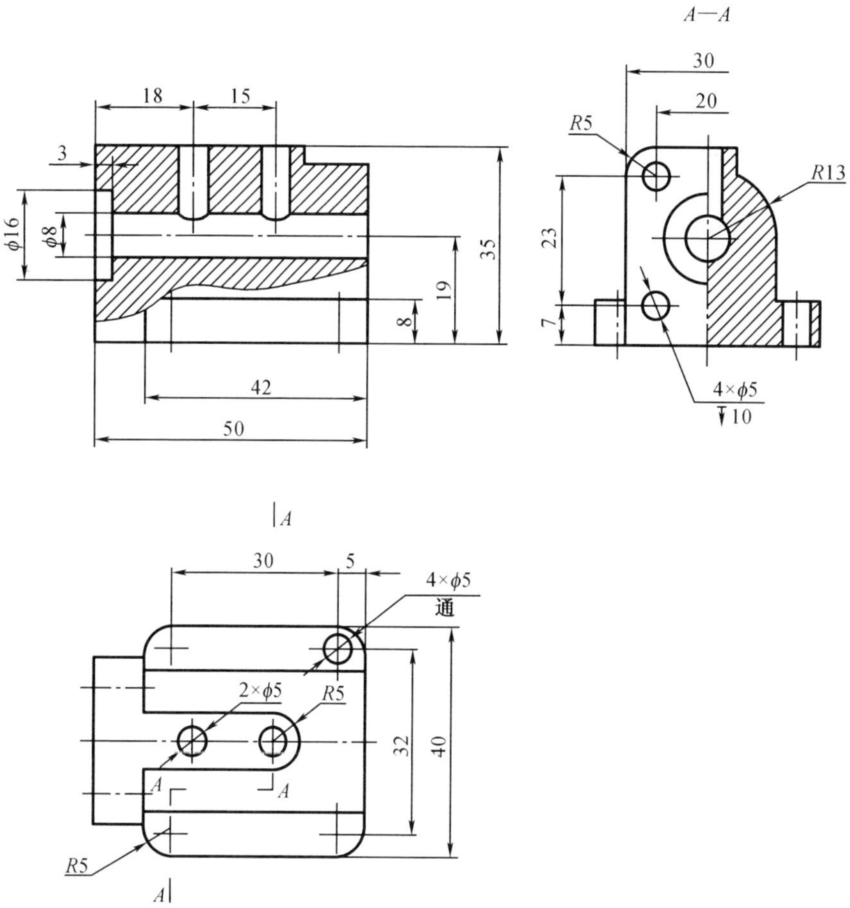

14－5　零件图(用 AutoCAD 绘制零件图)。

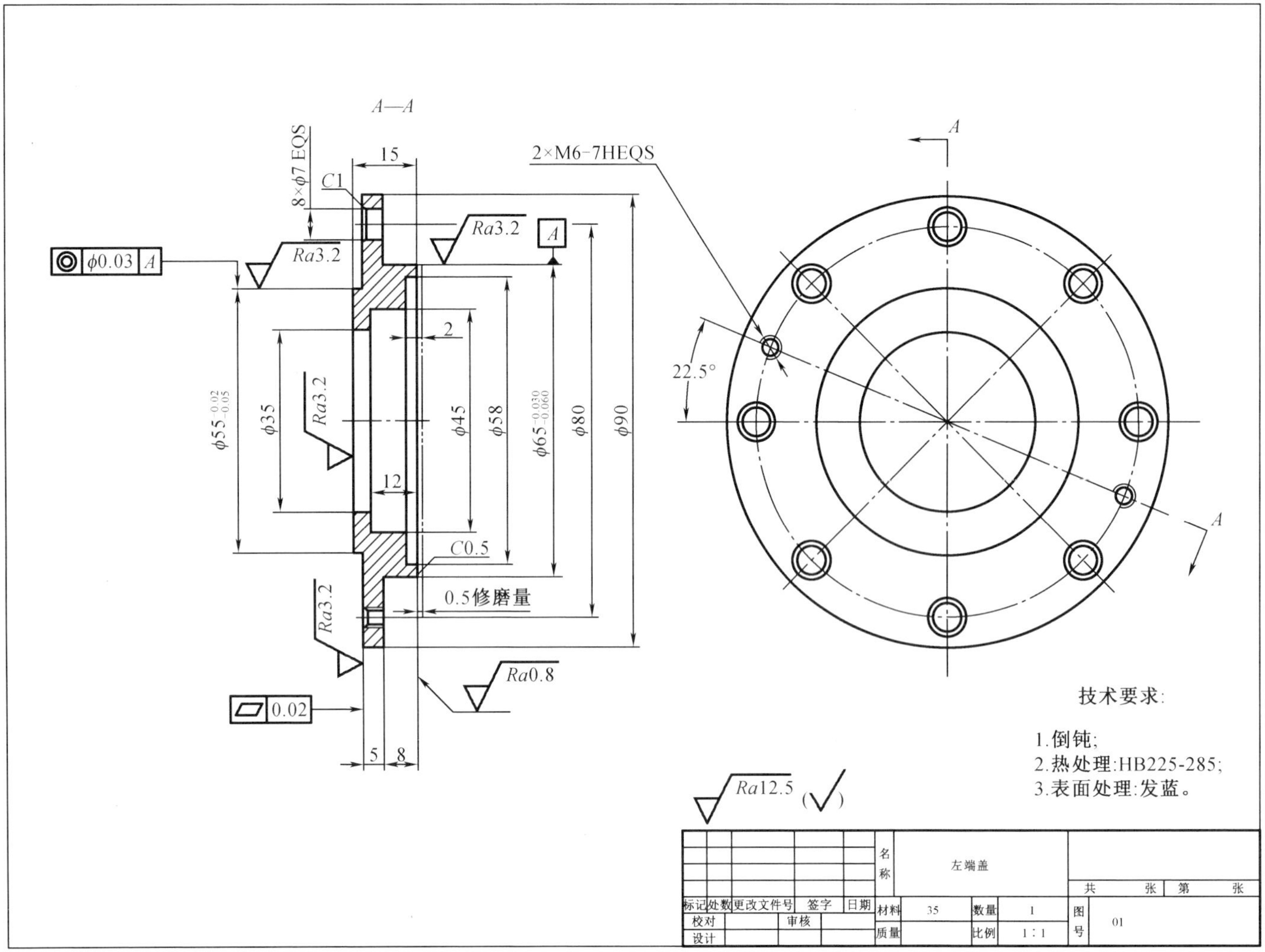

14－6　三维造型题(用 SolidWorks 绘制三维图)。

(1)

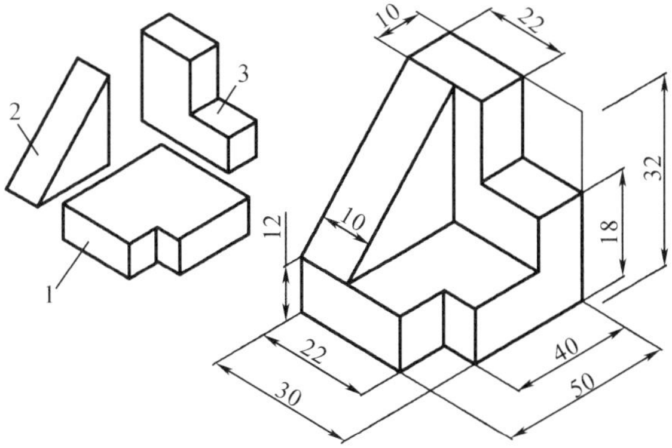

(2)

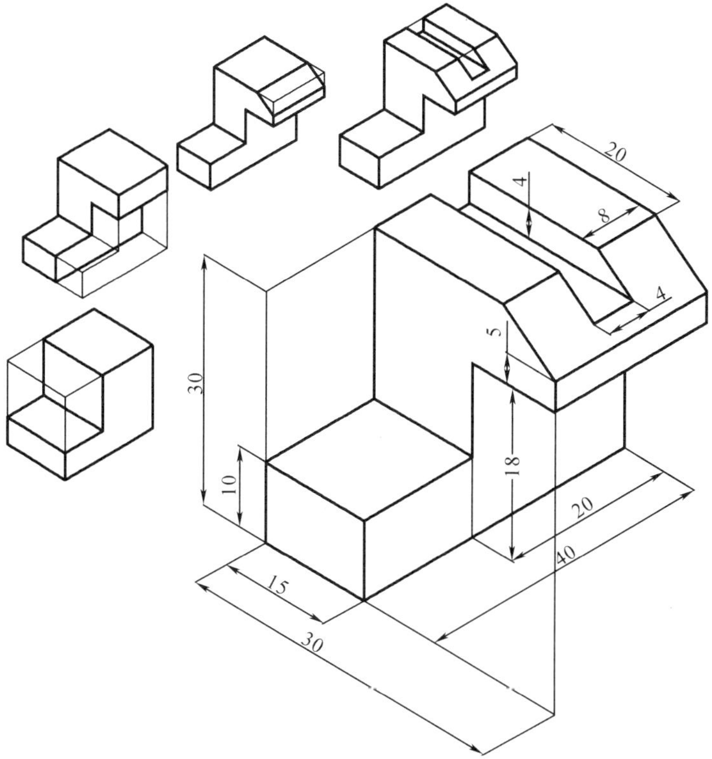

(3)

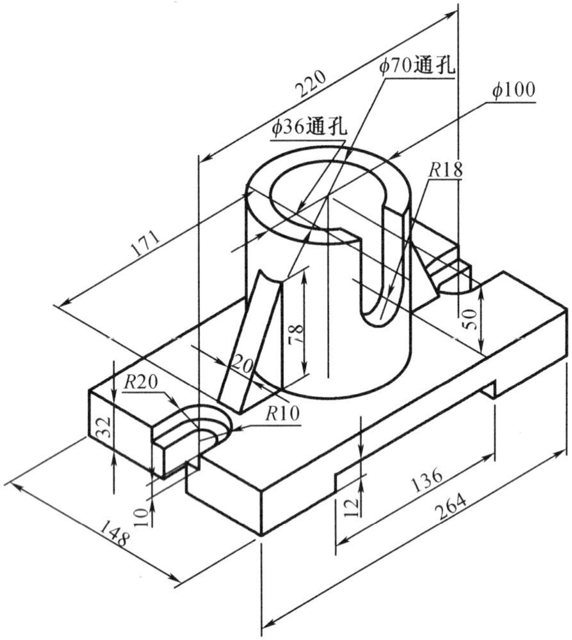
220
ϕ70通孔
ϕ100
ϕ36通孔
R18
171
78
50
20
R20
R10
32
10
148
12
136
264

(4)

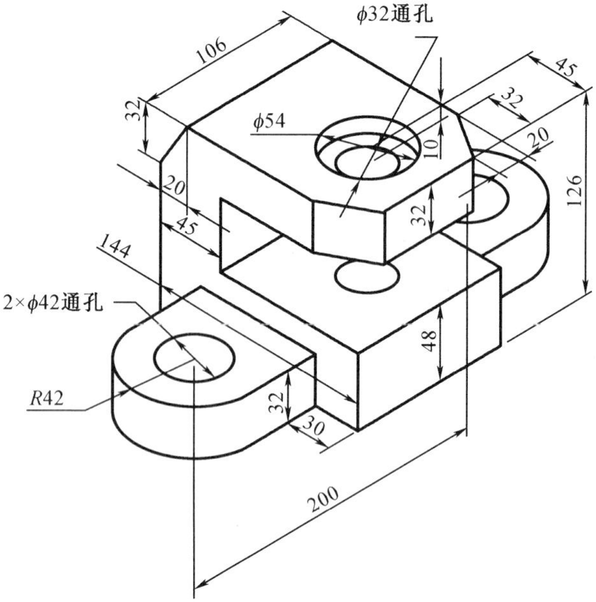
ϕ32通孔
106
45
32
ϕ54
32
10
20
20
126
32
45
144
2×ϕ42通孔
48
R42
32
30
200

(5)

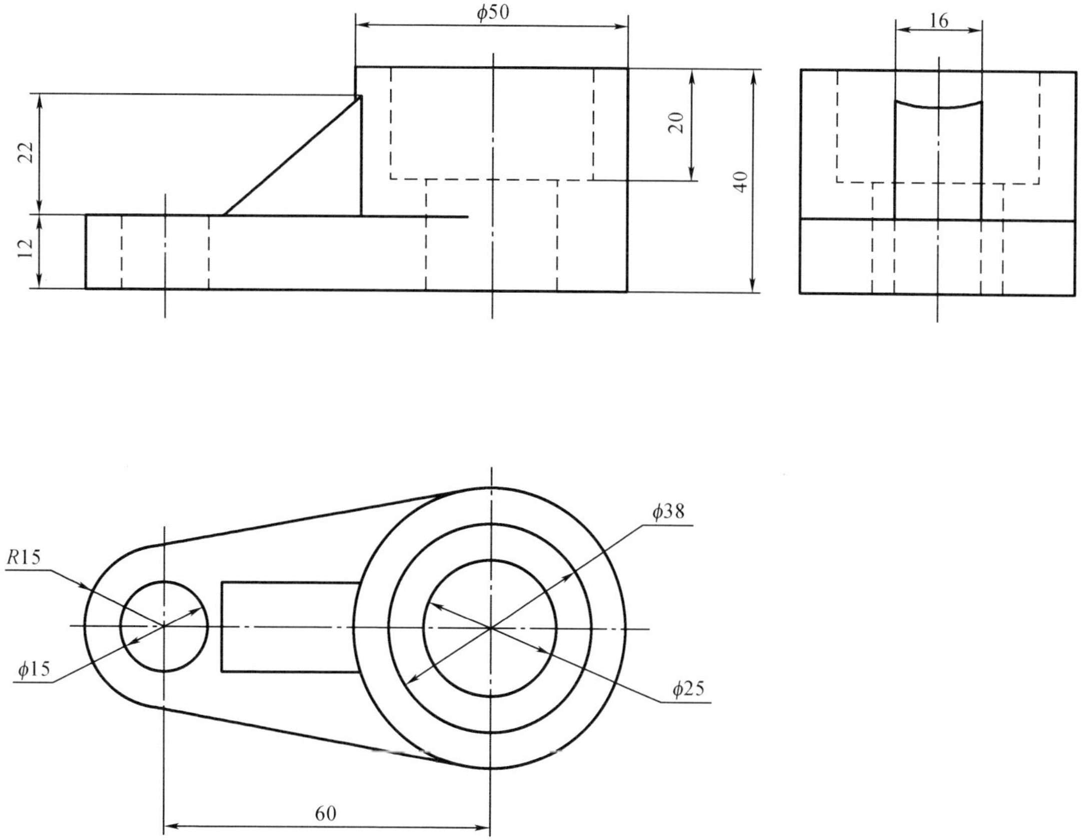

(6)

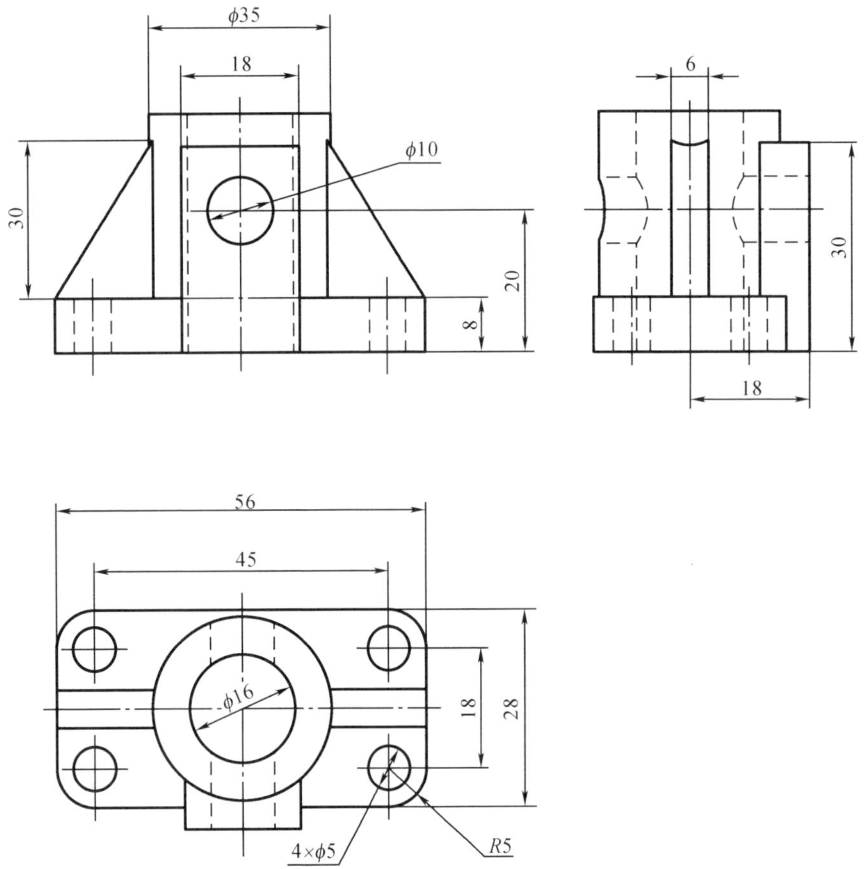

(7)

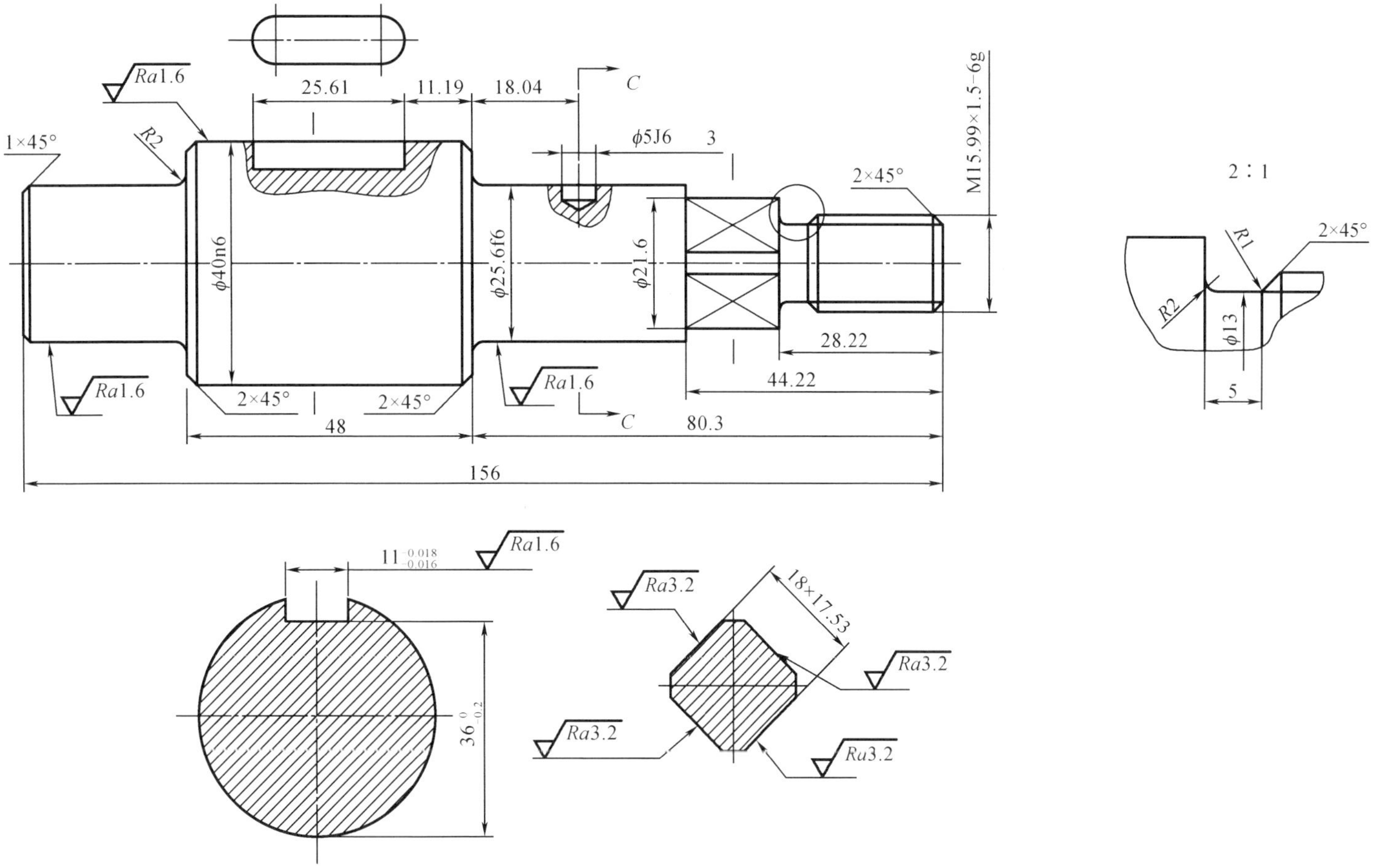

Ra1.6
25.61
11.19
18.04
C
1×45°
R2
ϕ5J6
3
2×45°
M15.99×1.5−6g
2∶1
ϕ40n6
ϕ25.6f6
ϕ21.6
R1
2×45°
R2
ϕ13
28.22
Ra1.6
Ra1.6
44.22
2×45°
2×45°
C
80.3
5
48
156
11 −0.018 −0.016
Ra1.6
Ra3.2
18×17.53
Ra3.2
36 0 −0.2
Ra3.2
Ra3.2

参 考 文 献

[1]　姚辉学,侯永涛,黄娟,等. 现代机械工程制图习题集[M]. 北京:科学出版社,2014.

[2]　王熙宁,龚建军. 画法几何及机械制图习题集[M]. 北京:高等教育出版社,2015.

[3]　杨惠英,冯涓,王玉坤. 机械制图习题集(非机类)[M].3 版. 北京:清华大学出版社,2018.

[4]　大连理工大学工程图学教研室. 机械制图习题集[M].6 版. 北京:高等教育出版社,2018.

[5]　王文清. 机械制图学习指导与巩固练习(机电类)[M]. 北京:电子工业出版社,2012.

[6]　刘静华,潘柏楷. 机械设计基础习题集(画法几何及机械制图)[M]. 北京:科学出版社,2003.

[7]　金大鹰. 机械制图[M].6 版. 北京:机械工业出版社, 2002.

[8]　范思冲. 画法几何及机械制图[M]. 2 版. 北京:机械工业出版社,2014.

[9]　同济大学、上海交通大学等院校《机械制图》编写组. 机械制图习题集[M].6 版. 北京:高等教育出版社,2010.